# 树莓派趣学实战100例

## 实战 100 例

### ——网络应用+Python编程 +传感器+服务器搭建

余智豪 余泽龙 编著

清华大学出版社
北京

## 内 容 简 介

本书是面向第 4 代树莓派（Raspberry Pi4B）的全新实战指南。树莓派（Raspberry Pi）是一款价格低廉、只有一张信用卡大小的计算机。然而麻雀虽小，却五脏俱全，树莓派是一款基于 Linux 操作系统的、能激发用户探索和实践计算机专业知识的实用工具。

本书生动有趣，图文并茂，内容翔实，深入浅出，包括 100 个树莓派最典型的应用案例，详细地剖析了树莓派的工作原理、网络应用、Python 编程、游戏编程、传感器应用、服务器搭建、语音处理等知识。本书配有相关的源代码供读者下载，方便读者快速掌握树莓派的相关知识。

本书适合对树莓派应用和开发感兴趣的读者阅读，也可用作高校树莓派相关实践课程的教学参考书。

**本书封面贴有清华大学出版社防伪标签，无标签者不得销售。**

**版权所有，侵权必究**. 举报:010-62782989,beiqinquan@tup. tsinghua. edu. cn。

**图书在版编目（CIP）数据**

树莓派趣学实战 100 例：网络应用＋Python 编程＋传感器＋服务器搭建/余智豪,余泽龙编著.—北京：清华大学出版社,2020.5（2022.8 重印）

　　ISBN 978-7-302-55022-8

　　Ⅰ. ①树… Ⅱ. ①余… ②余… Ⅲ. ①软件工具－程序设计 Ⅳ. ①TP311.561

中国版本图书馆 CIP 数据核字（2020）第 040801 号

责任编辑：刘向威
封面设计：文　静
责任校对：胡伟民
责任印制：刘海龙

出版发行：清华大学出版社
　　　　网　　　址：http://www.tup.com.cn，http://www.wqbook.com
　　　　地　　　址：北京清华大学学研大厦 A 座　　　　　　　邮　　编：100084
　　　　社 总 机：010-83470000　　　　　　　　　　　　　　邮　　购：010-62786544
　　　　投稿与读者服务：010-62776969，c-service@tup. tsinghua. edu. cn
　　　　质量反馈：010-62772015，zhiliang@tup. tsinghua. edu. cn
　　　　课件下载：http://www.tup.com.cn，010-83470236
印 装 者：三河市龙大印装有限公司
经　　销：全国新华书店
开　　本：185mm×260mm　　　印　　张：16.5　　　　　　字　　数：415 千字
版　　次：2020 年 7 月第 1 版　　　　　　　　　　　　　　印　　次：2022 年 8 月第 4 次印刷
印　　数：3001～4000
定　　价：59.00 元

产品编号：081631-01

前　言

FOREWORD

本书是面向第 4 代树莓派（Raspberry Pi4B）的全新实战指南。树莓派（Raspberry Pi）是一款价格低廉、只有一张信用卡大小的计算机。树莓派麻雀虽小，却五脏俱全，是一款基于 Linux 操作系统的、能激发用户探索和实践计算机专业知识的实用工具。

研发树莓派的最初目的是通过低价硬件及自由软件来推动学校的计算机基础教育。但很快树莓派就得到了广大创客的青睐，他们用树莓派学习编程，并创造出各种各样新奇的、风靡一时的软硬件应用项目。

本书由从事计算机专业教育多年的大学教师编写。全书生动有趣，图文并茂，内容翔实，深入浅出，包括 100 个树莓派典型的应用实例，详细地剖析了树莓派的工作原理、网络应用、Python 编程、游戏编程、传感器应用、服务器搭建、图像处理和语音处理等知识。本书配有相关的源代码供读者下载，方便读者快速掌握树莓派的相关知识。

本书适合对树莓派应用和开发感兴趣的读者阅读，也可用作高校树莓派相关实践课程的教学参考书。

本书注重基础知识和典型应用，全面、系统地阐述了树莓派软硬件应用各方面的技术知识，全书共分为 17 章。第 1 章是树莓派应用简介，第 2 章是树莓派硬件剖析，第 3 章是安装树莓派操作系统，第 4 章是树莓派的网络应用，第 5 章是树莓派的文件管理，第 6 章是树莓派的办公应用，第 7 章是用树莓派学习 Linux 系统的常用命令，第 8 章是远程控制树莓派，第 9 章是用树莓派玩音乐，第 10 章是 Scratch 趣味编程，第 11 章是树莓派 Python 编程入门，第 12 章是树莓派游戏编程入门，第 13 章是树莓派外部接口编程，第 14 章是树莓派图像处理，第 15 章是树莓派与传感器，第 16 章是用树莓派搭建服务器，第 17 章是树莓派语音处理。

本书由余智豪和余泽龙共同编写。余智豪编写第 1～9 章、第 12～17 章，余泽龙编写第 10、11 章。周灵教授、麦丰收高级工程师认真地审阅了部分书稿，并提出了许多宝贵意见。孔维洋、黄琪、李汝成、徐健雄、陈泽浩、彭雪峰等同学参与了全书的校对工作。全书由余智豪策划、修改、审核和定稿。

在本书的编写过程中，编者参考了国内外大量的有关树莓派的文献，在此，对所有被参考和引用的文献作者表示衷心的感谢。还要感谢所有对本书的写作和出版提供了帮助的朋友,更要感谢清华大学出版社的大力支持,让本书能够顺利出版。

由于编者的水平和学识有限,本书难免存在不妥之处,恳请广大读者不吝赐教。

最后,期待本书能够抛砖引玉,使广大读者在树莓派的探索、编程和实战过程中,乐趣无穷,创意无限。

编者 佛山科学技术学院 余智豪

2019 年 9 月

**目录**

CONTENTS

# 第 1 章

# 树莓派应用简介

## 实例 1　初识小伙伴树莓派

　　拥有一台属于自己的计算机,也许是学子们(尤其是贫困家庭的孩子们)心中的梦想。但是一直以来,计算机的价格昂贵,这个美好的梦想难以实现。迷你型计算机树莓派(Raspberry Pi)的诞生,让学子们的美梦成真。

　　树莓派是如图 1-1 所示的廉价的迷你型计算机。别看它体型娇小玲珑,其内"芯"却很强大。树莓派麻雀虽小,但五脏俱全。虽然树莓派这个小伙伴只有信用卡的大小,但它却是非常实用、功能齐全的计算机,因为它集合了办公软件、视频播放、游戏、上网等众多功能。自问世以来,树莓派就受到广大计算机发烧友和创客的追捧,曾经一"派"难求。

　　树莓派最初是专门为少年儿童学习计算机编程而设计的,其操作系统是基于 Linux 的 Raspbian,可以运行各种免费软件,实现多种多样的功能。

图 1-1　掌上的小伙伴——树莓派

　　树莓派之父是英国剑桥大学的计算机教授埃本·厄普顿(Eben Upton)。早在 2006 年,埃本·厄普顿教授注意到大学生的计算机相关技能有衰退的趋势,申请就读计算机科学专业的学生的编程基础较为薄弱。于是,埃本·厄普顿教授和他的同事萌发了研发一种具备编程能力的廉价计算机的构想。这种迷你型计算机的潜在用户是少年儿童,除了编程,它还可以做各种新奇有趣的事情。

　　在埃本·厄普顿教授产生这一构想并为之进行了六年的不懈努力之后,2012 年 2 月,世界上第一台树莓派终于诞生了,由埃本·厄普顿教授组建的树莓派基金会(Respbery Pi Foundation)开始正式发售树莓派。树莓派价格低廉,只需 35 美元(不到 300 元人民币)。

树莓派基金会以提升学校计算机科学及相关学科的教育,让计算机变得有趣为宗旨。基金会期望这一款小型计算机无论是在发展中国家还是在发达国家,都会有更多的其他应用项目不断被开发出来,并应用到更广阔的领域。

树莓派的芯片是由博通公司(Broadcom 官网为 http://www.broadcom com/)开发并制造的。老款的树莓派采用基于 ARM 架构的单核的 CPU——博通 BCM 2711,最新款的树莓派 4B 已经把 CPU 升级为性价比更高的四核的博通 BCM2711。树莓派以 SD/MicroSD 卡为存储设备,用来替代硬盘。最新款的树莓派主板配置了四个 USB 接口、一个以太网有线网络接口和一个无线网络接口,可连接键盘、鼠标和网线,同时拥有两个 HDMI 高清视频输出接口。树莓派的所有部件全部安装在一张仅比信用卡稍大的主板上,具备了所有计算机的基本功能,可以实现如浏览网页、文字处理、电子表格、玩游戏、播放高清视频等诸多功能。

树莓派由三家公司生产和发售,即 Element 14/Premier Farnell 公司、RS Components 公司和 Egoman 公司。目前,我们在天猫、淘宝和京东等国内电子商务网站都可以购买到心仪的小伙伴——树莓派。

## 实例 2　树莓派的家族成员

从 2012 年 2 月第一台树莓派问世到现在的短短几年间,树莓派的性能不断升级,而价格却不变,现在已经发行了多个不同的版本。下面简单地介绍一下树莓派的家族成员。

**1. 树莓派 1**

2012 年 2 月,树莓派 1 正式发售,其外形如图 1-2 所示。

图 1-2　树莓派 1 的外形

树莓派 1 分为 A 和 B 两种型号,其主要区别如下。

A 型号:博通 BCM2835 处理器,只有 1 个 USB 接口,没有有线网络接口,GPIO 接口只有 26 个引脚,工作电流 500mA,功率 2.5W,只有 256MB 内存。

B 型号:博通 BCM2835 处理器,有 2 个 USB 接口,支持有线网络接口,GPIO 接口只有

26 个引脚,工作电流 700mA,功率 3.5W,有 512MB 内存。

**2. 树莓派 2**

2014 年 7 月,树莓派 2 正式发售,其外形如图 1-3 所示。

图 1-3 树莓派 2 的外形

树莓派 2 分为 A＋和 B＋两种型号,其主要区别如下。

A＋型号:没有网络接口,将 4 个 USB 端口缩小到 1 个。另外,相对于 B＋型号而言,A＋型号内存容量有所缩小,并具备了更小的尺寸设计。A＋型号可以说是 B＋型号的廉价版本。虽说是廉价版本,但 A＋型号也支持同 B＋型号一样的 MicroSD 卡插槽、40 针的GPIO 接口、博通 BCM2836 处理器、256MB 的内存和 HDMI 输出端口。

B＋型号:从配置上来说,B＋型号使用了 BCM2836 处理器和 512MB 内存,和前一版本相比较,B＋型号的功耗更低,接口也更丰富。B＋型号将通用输入输出引脚增加到了 40个,USB 接口也从 B 型号的 2 个增加到了 4 个,除此之外,B＋型号的功耗降低了 0.5～1W,旧款的 SD 卡插槽被换成了更美观的推入式 MicroSD 卡插槽,音频部分则采用了低噪供电。从外形上来看,USB 接口被移到了主板的一边,HDMI 接口被移到了 3.5mm 音频口的旁边。此外,树莓派主板的 4 个安装孔被移到了 4 个角,以便于安装。

**3. 树莓派 3**

2016 年 2 月,树莓派基金会发布了树莓派 3B 版本。树莓派 3B 的外形如图 1-4 所示。

与树莓派 2 相比,树莓派 3B 主要的改变有:

- CPU 升级,从 32 位 A7(BCM2836)升级
  到 64 位 A53(BCM2837),主频从 900MHz
  升级到 1.2GHz。
- GPU 主频从 250MHz 提升到 400MHz。
- 增加 802.11 b/g/n 无线网卡。
- MicroSD 卡槽采用直接插拔式,而不是
  弹出式。

- 两个指示灯因天线的布局移到了电源
  一侧。

图 1-4 树莓派 3B 的外形

- 增加低功耗蓝牙 4.1 适配器。
- 最大驱动电流增加至 2.5A。

#### 4. 简化版的树莓派

简化版的树莓派分为树莓派 Zero 和树莓派 Zero W 两种型号。本书着重介绍树莓派 Zero W。树莓派 Zero W 的外形如图 1-5 所示。

图 1-5　树莓派 Zero W 的外形

2017 年 3 月，为了庆祝树莓派的 5 岁生日，树莓派基金会推出了树莓派 Zero W。Zero W 是树莓派 Zero 的升级版，价格非常便宜，仅售 10 美元，配置方面并没有太多的变化，但添加了用户一直要求的功能——WiFi 和蓝牙。

树莓派 Zero W 板子小巧精致，做工非常好，有充当艺术品的潜质。树莓派 Zero W 麻雀虽小，却功能齐全，能流畅地运行各种软件。与树莓派 3B 相比，为了尽量小巧，板子上一切可以缩小的都变小了。USB 接口在树莓派 Zero W 上换成了 Micro USB 接口，HDMI 接口也改成了 mini HDMI 接口。树莓派 Zero W 主板没有焊接上 GPIO 引脚，还去掉了 AV 接口和以太网接口，指示灯从 PWR 和 ACT 的组合改成了单独的 ACT。

树莓派 Zero W 中的 W 就是 WiFi 的意思，也就是说这款 Zero W 拥有了 WiFi 的功能，再也不用通过 MicroUSB 转 USB 的方式来连接网卡了，能够直接通过 WiFi 上网。相对于树莓派 Zero，树莓派 Zero W 采用了与树莓派 3 上一样的赛普拉斯 BCM43438 WiFi/BT 无线芯片，提供 802.11n 无线网络和蓝牙 4.1 接口。另外，树莓派 Zero W 在树莓派 Zero 的基础上增加了 CSI 接口，可以连接树莓派官方摄像头。

#### 5. 树莓派 3B＋

2018 年 3 月 14 日树莓派基金会发布了树莓派 3B＋，树莓派 3B＋的外形如图 1-6 所示。

图 1-6　树莓派 3B＋的外形

树莓派 3B+ 的定价依然是 35 美元，其主要特性如下：

- 博通 BCM2837B0 四核，A53(ARMv8)，64 位 SoC，主频 1.4GHz(带散热片)。
- 双频 802.11ac 无线网卡和蓝牙 4.2 接口。
- 更快的以太网(千兆以太网 over USB 2.0)。
- 内存 1G LPDDR2。
- PoE 支持(Power-over-Ethernet,with PoE HAT)。
- 改进 PXE 网络与 USB 大容量存储启动。

### 6. 树莓派 4B

树莓派基金会于 2019 年 6 月 24 日正式发布了树莓派的最新版本树莓派 4B，其外形如图 1-7 所示。相比于树莓派 3B+，树莓派 4B 的性能更加强劲，采用全新 64 位 BCM2711 四核处理器，主频 1.5GHz，VideoCore GPU，并增加了一些全新功能：双 HDMI 4K 超高清视频输出，USB 3 端口，千兆以太网接口，蓝牙 5.0 接口，同时提供多个内存 RAM 选项(1GB/2GB/4GB)，内存最高可达 4GB。内存为 1GB 的树莓派 4B 售价依然为 35 美元。

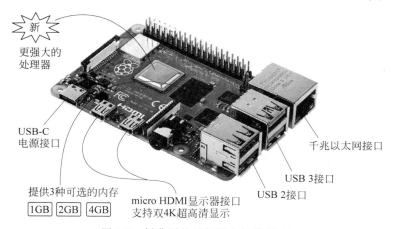

图 1-7 树莓派的最新版本树莓派 4B

树莓派 4B 的主要性能指标如下。

- 处理器：博通 BCM2711，四核 Cortex-A72、64 位 SoC、主频 1.5GHz(带散热片)。
- 内存：1GB、2GB 或 4GB LPDDR4 SDRAM(内存大小取决于型号)。
- 接口：双频 IEEE 802.11ac 无线网络＋蓝牙 5.0，千兆以太网，2×USB 3.0、2×USB 2.0 端口。
- GPIO：向前兼容树莓派的标准 40 针引脚。
- 视频和声音：2×micro-HDMI 输出(4Kp60 或 4Kp30)、2 通道 MIPI DSI 显示端口、2 通道 MIPI CSI 摄像头端口、4 极立体声音频和复合视频端口。
- 多媒体：HEVC/H.265(4Kp60 解码)、AVC/H.264(1080p60 解码/1080p30 编码)、OpenGL ES 3.0 GPU。
- 外存：MicroSD 卡插槽，用于加载操作系统和存储数据。
- 电源接口：5V DC(USB-C、3A)、GPIO 接头支持 5V DC @ 3A 或以太网供电(需单独的 PoE HAT)。
- 工作温度：0～50℃。

## 实例 3  树莓派的典型应用

树莓派的个头虽小,但却是一台货真价实、功能完整的计算机,可以满足用户的各种应用需求。其典型的应用包括以下几个方面。

**1. 使用树莓派访问网站**

用户可以使用树莓派浏览网页、搜索资料、收发电子邮件、下载文件,还可以用树莓派在网上购物,欣赏网络视频等。

图 1-8 是用树莓派自带的网页浏览器访问新浪网网站(www.sina.com)。

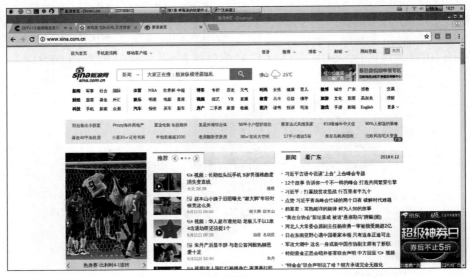

图 1-8  用树莓派访问新浪网网站

图 1-9 是用树莓派访问百度网站(www.baidu.com)来搜索有关树莓派的资料。

图 1-9  访问百度网站来搜索有关树莓派的资料

图 1-10 是用树莓派自带的浏览器访问腾讯 QQ 邮箱网站来收发电子邮件。

图 1-10　用树莓派访问腾讯 QQ 邮箱网站

图 1-11 是用树莓派欣赏中央电视台音乐频道的网上视频直播。

图 1-11　用树莓派欣赏网上的视频直播

**2．使用树莓派进行办公**

用户可以使用树莓派编辑办公文档、浏览 PDF 文件、编制电子表格、制作电子幻灯片、制作海报等。

图 1-12 是用树莓派自带的办公软件 LibreOffice Writer 编写本书第 1 章。

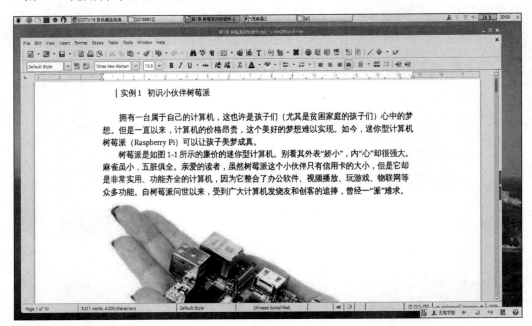

图 1-12　用树莓派编辑办公文档

图 1-13 是用树莓派自带的浏览器查看 PDF 格式的文件。

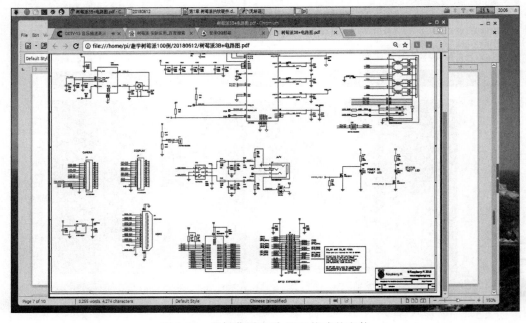

图 1-13　用树莓派查看 PDF 格式的文件

**3．使用树莓派学习编程**

树莓派是为了教育和学习计算机相关知识而开发的，利用树莓派学习编程当然是它的重要功能之一。用户可以使用树莓派学习 Python 语言、Scratch 语言、C 语言、Java 语言、Sonic Pi 语言和 Minecraft 语言等多种编程语言。

图 1-14 是用树莓派自带的 Python 语言环境学习编程。

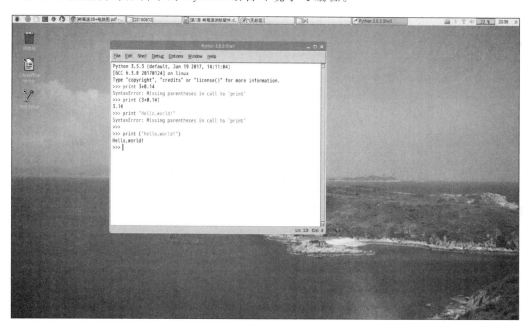

图 1-14　用树莓派学习 Python 编程语言

图 1-15 是用树莓派自带的 Scratch 语言环境学习编程。

图 1-15　用树莓派学习 Scratch 编程语言

**4. 使用树莓派学习硬件开发**

树莓派作为计算机，它提供了通用的输入/输出接口，即用于硬件应用开发的 GPIO，通过访问 GPIO，树莓派可以连接 LED、电机、传感器等设备，并且可以控制它们。

如图 1-16 所示，是用树莓派制作的智能小车。

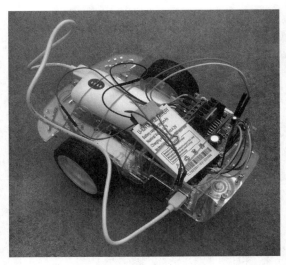

图 1-16　用树莓派制作的智能小车

# 实例 4　购买树莓派及其配件

看了以上的介绍，你是不是心动了，也渴望拥有一台树莓派？以下简要介绍到天猫购买 2019 年 6 月推出的最新版的树莓派 4B 及其配件的步骤。

**1. 购买树莓派 4B**

首先，在网页浏览器的地址栏中输入网址 https://www.tmall.com/，访问天猫网站，结果如图 1-17 所示。

图 1-17　访问天猫网站

接着,在上方的搜索栏中填写"树莓派 4B",并单击"搜索"按钮,搜索销售树莓派 4B 的网上商店,其结果如图 1-18 所示。接着继续单击访问有关的网上商店。

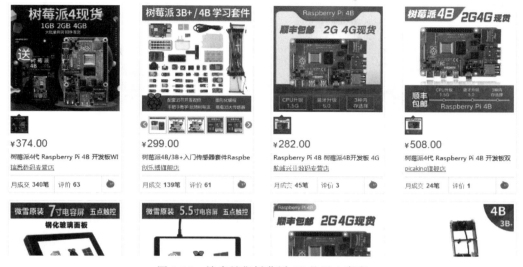

图 1-18　搜索销售树莓派 4B 的网上商店

### 2. 购买 MicroSD 卡

SD 卡是安全数字(Secure Digital)卡的缩写,这是一种基于 Flash 芯片的存储设备,被广泛应用于各种便携式设备,如手机、数码相机和平板电脑等。MicroSD 卡是微型的 SD 卡,其外形如图 1-19 所示。

与常见的个人计算机相比,树莓派上并没有内置硬盘或其他存储芯片,操作系统和应用软件以及其他数据均需要存放在 MicroSD 卡上,所以树莓派在电路左侧板下方提供了一个 MicroSD 卡接口。

通常树莓派能很好地支持 Class4 ～ Class10 速度的 MicroSD 卡。但由于树莓派的操作系统需要频繁读写 MicroSD 卡,所以建议选购速度最快的 Class10 型号的 MicroSD 卡。另外,为了有足够的空间来安装操作系统和其他应用软件,建议选购容量大于 8GB 的 MicroSD 卡。

图 1-19　MicroSD 卡

### 3. 购买显示器和 HDMI 连接电缆

树莓派需要使用一台具有 HDMI 接口的显示器或家用电视机作显示设备,并且需要一根 HDMI 连接电缆与之相连。显示器的分辨率最好是在 1024 像素×768 像素以上。树莓派 3B＋最高可以支持 1920×1080 高清格式视频,而树莓派 4B 可以支持双 4K 超高清格式视频。

数莓派 4B 的 HDMI 连接电缆的外形如图 1-20 所示,它两端的形状相同。

如果显示器没有 HDMI 接口而只有 VGA 接口,则需要配置一个 HDMI-VGA 转换器。HDMI-VGA 转换器的外形如图 1-21 所示。

图 1-20 HDMI 连接电缆

图 1-21 HDMI-VGA 转换器

### 4. 购买 USB 键盘和 USB 鼠标

与常见的个人计算机一样,树莓派也使用键盘和鼠标作为输入设备。树莓派使用 USB 接口与键盘和鼠标连接。既可以使用有线键盘和鼠标,也可以使用无线键盘和鼠标。

### 5. 购买电源和电源线

最新款的树莓派 4B 需要一个 USB 接口的电源和一条 USB-C 接口的电源线为其供电,这个 USB 接口的电源应能够提供电压为 5V、电流为 3A 的直流电。请注意:如果电源的输出电流不足 3A,可能会导致树莓派 4B 在运行过程中出现死机现象。

USB 接口的电源的外形如图 1-22 所示。

USB-C 接口的电源线的外形如图 1-23 所示。

图 1-22 USB 接口的电源

图 1-23 USB-C 接口的电源线

请注意:树莓派 4B 存在一个很大的设计缺陷——由于设计失误,许多 USB-C 电源和电源线都与树莓派 4B 的 USB-C 接口不兼容,导致其根本无法正常工作。究其原因,是由于树莓派 4B 的电路板上缺少了一个识别电阻,这意味着高档充电器(如 MacBook 原装 USB-C 接口充电头)无法为它正常供电。

但如果用的是比较廉价、普通的 USB-C 电源和电源线,搭配树莓派 4B 使用,反而是没有问题的。换言之,就是树莓派 4B 不兼容昂贵、高品质、带 E-mark 芯片的 USB-C 电源线(如许多笔记本电脑使用的充电器和 5A 认证的电源线)。

为了解决树莓派 4B 与 USB-C 电源线不兼容的问题,树莓派基金会建议用户购买树莓派官方的 USB-C 电源及电源线,其外形如图 1-24 所示。

图 1-24　树莓派官方的 USB-C 电源及电源线

# 实例 5　选购树莓派其他配件

**1. 选购和安装树莓派的散热片**

目前,在淘宝上有大量树莓派的散热片出售。其中一套共 3 片的散热片如图 1-25 所示。

图 1-25　树莓派的散热片

在台式计算机的 CPU 上,为了加强散热效果,一般都配置有一个散热片及其配套的机械风扇。树莓派主板上共有三个集成电路芯片散热较大,即 CPU、GPU 和 WiFi/蓝牙芯片。但是在早期的树莓派产品中,这三个芯片并没有安装散热片。

当工作环境的温度过高时可能会引起树莓派死机,甚至有可能烧坏芯片。因此,有必要为树莓派选购和安装散热片。

请注意,只有2018年3月之前销售的树莓派(即树莓派1A/1B/2A/2B/3A/3B)才需要安装散热片,而2018年3月之后发售的树莓派3B+和树莓派4B已经配备了散热片。因此,对于树莓派3B+或树莓派4B,就不必另外安装散热片了。

安装散热片的方法很简单,只要撕下双面胶,然后将散热片贴在芯片上即可。

安装了散热片的树莓派正面如图1-26所示,背面如图1-27所示。

图1-26    安装了散热片的树莓派正面

图1-27    安装了散热片的树莓派背面

**2. 选购和安装树莓派的外壳及风扇**

树莓派是不包含外壳的,因为埃本·厄普顿教授的开发团队认为只有这样才能真正让利给消费者。但是这样也很容易导致树莓派损坏。因此,为了保护树莓派这个小伙伴,给它购买一个外壳是一件必要的事情。

图1-28所示为一款漂亮的树莓派透明外壳及风扇。

树莓派风扇的连接方法如图1-29所示。风扇需要+5V直流电供电,首先在GPIO上找到树莓派的+5V针脚(即第2列第2个针脚),并在GPIO上找到树莓派的地线GND针

图 1-28　树莓派透明外壳及风扇

脚(即第 2 列第 3 个针脚),然后将风扇的红线连接到＋5V 针脚,将风扇的地线连接到 GND
针脚即可。

### 3. 购买 MicroSD 卡读写器

如上所述,假如没有 MicroSD 卡,或者虽然有 MicroSD 卡但其上并没有烧录操作系统
镜像,那么树莓派是不能正常工作的。因此,需要使用 MicroSD 卡读写器来为 MicroSD 卡
烧录操作系统镜像。MicroSD 卡读写器的外形如图 1-30 所示。

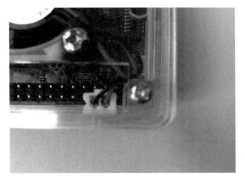

图 1-29　连接树莓派风扇

图 1-30　MicroSD 卡读写器

# 第 2 章

# 树莓派硬件剖析

## 实例 6　树莓派的硬件结构

**1. 树莓派 4B 的硬件结构**

树莓派 4B 主板的硬件结构如图 2-1 所示。

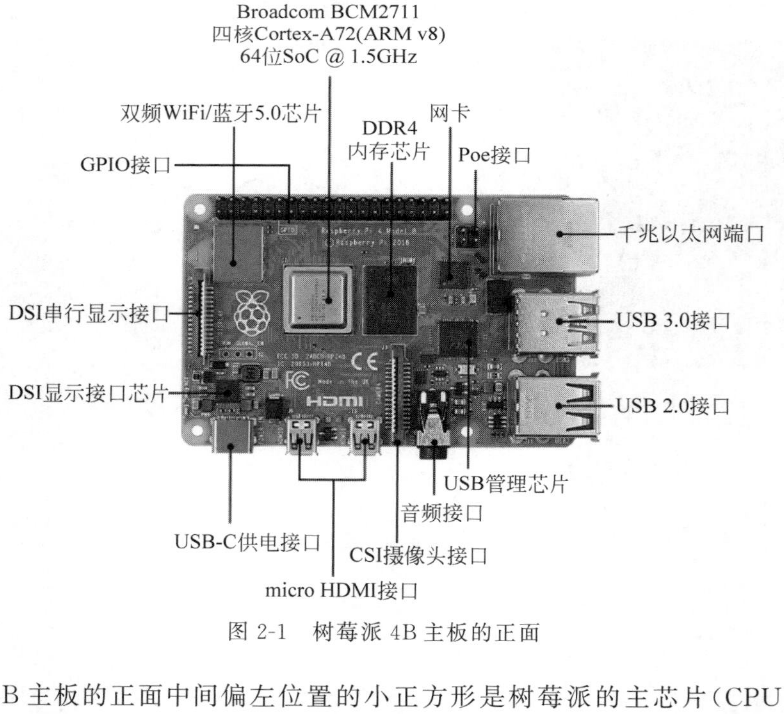

图 2-1　树莓派 4B 主板的正面

　　树莓派 4B 主板的正面中间偏左位置的小正方形是树莓派的主芯片(CPU)，即博通公司的 BCM2711 四核 Cortex-A72(ARM v8) 64 位处理器(带银色的散热片)。

　　在 CPU 右边的黑色的长方形集成电路芯片是 DDR4 内存芯片，用来配合 CPU 工作，处理和保存数据。视产品的规格不同,内存芯片可以分为 1GB、2GB、4GB。

在 CPU 左上方的灰色长方形集成电路芯片是双频 WiFi/蓝牙 5.0 芯片。

树莓派 4B 主板的左上方的双列插针是 GPIO 接口,即通用输入输出接口,共有 40 个引脚,用来输出驱动信号或扩展树莓派的硬件功能。简单地说,GPIO 可以使树莓派变成一个嵌入式控制系统。

在树莓派 4B 主板的左侧,是 DSI 串行显示接口,用来连接外部的串行显示器。

在树莓派 4B 主板的左下角,是 USB-C 供电接口,用来为树莓派 4B 提供+5V/3A 的直流电。

在树莓派 4B 主板的下方,有两个 micro HDMI 接口,用来连接电视机或显示器,支持 4K 超高清视频及音频信号的传输。

在两个 micro HDMI 接口的右边,是 CSI 摄像头接口,用来连接树莓派的官方摄像头。

在 CSI 摄像头接口的右边,是 3.5 英寸的音频接口,用来连接外部的立体声耳机。

在树莓派 4B 主板的右侧,是两个 USB 3.0 接口和两个 USB 2.0 接口,用来连接 USB 接口的键盘和鼠标,也可以连接 USB 接口的摄像头,还可以连接外部存储器(如 U 盘和移动硬盘等)。

在树莓派 4B 主板的右上角,是一个千兆以太网端口,用来连接路由器。

**2. 新旧树莓派的性能对比**

树莓派 3B/树莓派 3B+/树莓派 4B 的性能对比如表 2-1 所示。

表 2-1　新旧树莓派的性能对比

| 名称 | 树莓派 3B | 树莓派 3B+ | 树莓派 4B |
|---|---|---|---|
| SOC | Broadcom BCM2837 | Broadcom BCM2837B0 | Broadcom BCM2711 |
| CPU | 64 位 1.2GHz 四核(40nm 工艺) | 64 位 1.4GHz 四核(40nm 工艺) | 64 位 1.5GHz 四核(28nm 工艺) |
| GPU | Broadcom VideoCore IV @400MHz | Broadcom VideoCore IV @400MHz | Broadcom VideoCore VI @500MHz |
| 蓝牙 | 蓝牙 4.1 | 蓝牙 4.2 | 蓝牙 5.0 |
| USB 接口 | USB 2.0×4 | USB 2.0×4 | USB 2.0×2/USB 3.0×2 |
| HDMI | 标准 HDMI×1 | 标准 HDMI×1 | micro HDMI×2 支持 4K60 |
| 供电接口 | micro USB(5V 2.5A) | micro USB(5V 2.5A) | Type C(5V 3A) |
| 多媒体 | H.264,MPEG-4 decode (1080p30); H.264 encode(1080p30); OpenGLES 1.1,2.0 graphics | H.264,MPEG-4 decode (1080p30); H.264 encode(1080p30); OpenGL ES1.1,2.0 graphics | H.265(4Kp60 decode); H.264(1080p60 decode,1080p30 encode); OpenGL ES3.0 graphics |
| WiFi 网络 | 802.11n 无线 2.4GHz | 802.11AC 无线 2.4GHz/5GHz 双频 WiFi | 802.11AC 无线 2.4GHz/5GHz 双频 WiFi |
| 有线网络 | 10/100Mb/s 以太网 | USB 2.0 千兆以太网 (300Mb/s) | 真千兆以太网(网口可达) |
| 以太网 Poe | 无 | 通过额外的 HAT 以太网 (Poe)供电 | 通过额外的 HAT 以太网 (Poe)供电 |

## 实例 7　树莓派 CPU 的工作原理

中央处理器(Central Processing Unit,CPU)是一块超大规模的集成电路,是一台计算机的运算核心(Core)和控制核心(Control Unit)。它的功能主要是解释计算机指令以及处理计算机软件中的数据。

中央处理器主要包括运算器,即算术逻辑运算单元(Arithmetic Logic Unit,ALU)和高速缓冲存储器(Cache),及实现它们之间联系的数据(Data)、控制及状态总线(Bus)。它与内部存储器(Memory)和输入/输出(I/O)设备合称为电子计算机的三大核心部件。

**1. CPU 的内部结构**

CPU 的内部结构包括逻辑运算部件、寄存器部件和控制部件等。

1)逻辑运算部件

逻辑运算部件 (Logic Components)可以执行定点或浮点算术运算操作、移位操作以及逻辑操作,也可以执行地址运算和转换。

2)寄存器部件

寄存器部件(Register Unit)包括通用寄存器、专用寄存器和控制寄存器。通用寄存器又可分为定点数和浮点数两类,它们用来保存指令执行过程中临时存放的寄存器操作数和中间(或最终)的操作结果。通用寄存器是中央处理器的重要部件之一。

3)控制部件

控制部件 (Control Unit)主要负责对指令译码,并且发出为完成每条指令所要执行的各个操作的控制信号。

**2. CPU 的主要功能**

CPU 的功能主要是解释计算机指令以及处理计算机软件中的数据,并执行指令。在微型计算机中,CPU 又称为微处理器,计算机的所有操作都受 CPU 控制,CPU 的性能指标直接决定了计算机系统的性能指标。

1)处理指令

处理指令(Processing Instructions)是指控制程序中指令的执行顺序。程序中的各指令之间是有严格顺序的,必须严格按程序规定的顺序执行,才能保证计算机系统工作的正确性。

2)执行操作

执行操作(Perform an Action),一条指令的功能往往是由计算机中的部件执行一系列的操作来实现的。CPU 要根据指令的功能,产生相应的操作控制信号,发给相应的部件,从而控制这些部件按指令的要求进行操作。

3)控制时间

控制时间(Control Time)就是对各种操作实施时间上的定时。在一条指令的执行过程中,在什么时间进行什么操作均应受到严格的控制。只有这样,计算机才能有条不紊地工作。

4)处理数据

处理数据(Process Data)即对数据进行算术运算和逻辑运算,或进行其他的信息处理。

**3．CPU 的工作原理**

CPU 从存储器或高速缓冲存储器中取出指令，放入指令寄存器，并对指令译码。它把指令分解成一系列的微操作，然后发出各种控制命令，执行微操作系列，从而完成一条指令的执行。指令是计算机规定执行操作的类型和操作数的基本命令。指令是由一个字节或者多个字节组成的，其中包括操作码字段、一个或多个有关操作数地址的字段、一些表征机器状态的状态字以及特征码。有的指令中直接包含操作数本身。

1）提取指令

提取指令是指从存储器或高速缓冲存储器中检索指令（为数值或一系列数值）。由程序计数器（Program Counter）指定存储器的位置。（程序计数器保存供指令寄存器识别的指令的位置值。换言之，程序计数器记录了 CPU 在程序里的踪迹）

2）解码

解码是指 CPU 根据从存储器提取到的指令来决定其执行行为。在解码阶段，指令被拆解为有意义的片段。根据 CPU 的指令集架构（ISA）定义将从存储器提取到的数据解码为指令。一部分的指令为运算码（Opcode），其指示要进行哪些运算。其他的数据通常为指令所需的操作数，如一个加法（Addition）运算的被加数和加数。

**4．树莓派的 CPU**

2019 年 6 月最新发布的树莓派 4B 主板如图 2-2 所示。

图 2-2 树莓派 4B 主板

与传统的个人计算机所使用的 x86 指令集架构不同，树莓派 CPU 采用 ARM 架构。ARM 架构是一个精简指令集（RISC）处理器架构，被广泛地使用在各种嵌入式系统中。由于具有节能的特点，ARM 处理器非常适用于移动通信领域，符合其主要设计目标为低耗电的特性。

树莓派系列产品一直使用博通公司的 ARM 系列芯片作为 CPU 主芯片。BCM2711 的基础架构与 BCM2836/BCM2837 相同，唯一重要的区别是树莓派 4B 用 ARM Cortex A72（ARMv8）四核芯片替换树莓派 3B＋的 ARM Cortex A53（ARMv8）四核芯片。

当你看到最新款的树莓派 4B 时，会注意到 CPU 主芯片的外观明显不同，其 BCM2711 CPU 改用银色金属散热片封装，散热效果增强。

BCM2711 是具有四核的 64 位 Cortex A72 处理器，主频为 1.5 GHz，运行速度比 3B＋快。封装尺寸为 85mm×85mm。产品支持 4K 超高清 H.265 视频编码/解码 DualCore VideoCoreⅣ 多媒体协处理器。

## 实例 8　树莓派的图形处理器

图形处理器(Graphics Processing Unit,GPU)又称显示核心、视觉处理器、显示芯片，是一种专门在个人计算机、工作站、游戏机和一些移动设备(如平板电脑、智能手机等)上进行图像运算工作的微处理器。

GPU 的用途是将计算机系统所需要的显示信息进行转换驱动，并向显示器提供行扫描信号，控制显示器使其正确显示，是连接显示器和个人计算机主板的重要元件，也是人机对话的重要设备之一。

GPU 与 CPU 类似，但 GPU 是专为执行复杂的数学和几何计算而设计的，这些计算是图形渲染所必需的。某些最快速的 GPU 集成的晶体管数甚至超过了普通 CPU。

目前，大多数的 GPU 都拥有 2D 或 3D 图形加速功能。如果 CPU 想画一个二维图形，只需要发个指令给 GPU，如"在坐标位置(x，y)处画个长和宽分别为 a 和 b 的长方形"，GPU 就可以迅速计算出该图形的所有像素，并在显示器上指定的位置画出相应的图形，画完后就通知 CPU "我画完了"，然后等待 CPU 发出下一条图形指令。

有了 GPU，CPU 就从繁重的图形处理任务中解放出来，执行其他更多的系统任务，这样可以大大提高计算机的整体性能。

GPU 芯片一般分为 2D 显示芯片和 3D 显示芯片。2D 显示芯片在处理 3D 图像与特效时主要依赖 CPU 的处理能力，称为软加速。3D 显示芯片把三维图像和特效处理功能集中在显示芯片内，也就是所谓的硬件加速功能。

与 CPU 一样，GPU 也会产生大量热量，所以它的上方通常需要安装散热器或风扇。

树莓派 4B 建立在博通公司 CPU BCM2711 架构的基础上，它包含了 VideoCore IV GPU————一款用于嵌入式系统的高度优化的硬件图形引擎。该 GPU 支持 OpenGL ES 1.1 和 OpenGL ES 2.0 硬件加速，并且应用了各种 3D 技术和优化手段。

VideoCore IV GPU(V3D)被拆分到单核心模块中，由主顶点和图元管线、光栅化器和瓦片存储器组成，还包括很多个称为切片的计算单元。切片最多包含四个定制的 32 位浮点处理器、缓存、一个特殊功能单元和多达两个的专用纹理提取和过滤引擎。BCM2837 包含一个具有三个这种切片的 V3D，每个切片又包含四个浮点着色处理器和两个纹理单元。

树莓派的 GPU 支持 OpenGL ES 2.0、硬件加速的 OpenVG 和高至 1080p 30f/s 的 H.264 硬件解码。GPU 的通常计算能力能达到 1Gpixel/s、1.5Gtexel/s 或 24 GFLOPs，并且 GPU 提供一系列材质渲染过滤与 DMA 功能。

比较来看，树莓派图形处理器的性能基本上与第一代的 Xbox 等同。

## 实例 9　树莓派的内存

树莓派 4B 的内存芯片如图 2-3 所示，位于树莓派 4B 主板正面的中间。其容量为 1GB/2GB/4GB，用来配合 CPU 处理并保存临时数据。

在计算机的硬件结构中，存储器是一个很重要的组成部分。存储器是用来存储程序和数据的部件，对于计算机来说，有了存储器，才有记忆功能，才能保证正常工作。存储器的种

图 2-3 树莓派 4B 的内存芯片

类很多,按其用途可分为主存储器和辅助存储器,主存储器又称内存储器(简称内存)。

内存又称主存,是 CPU 能直接寻址的存储空间,由半导体器件制成。内存的特点是存取速度快。内存是计算机中的主要部件,它是相对于外存而言的。我们平常使用的程序,如操作系统、办公软件、游戏软件等,一般都是安装在硬盘等外部存储器上的。但是如果程序仅仅存放在外存上,是不能使用其功能的,必须把程序从外存调入内存中运行,才能正常地工作。我们平时输入一段文字,或玩一个游戏,其实都是在内存中进行的。就好像在一个书房里,存放书籍的书架和书柜相当于计算机的外存(如硬盘),而办公桌就是内存。通常我们把要永久保存的、大量的数据存储在外存上,而把一些临时的或少量的数据和程序放在内存上,当然内存的性能会直接影响计算机的运行速度。

内存就是暂时存储程序及数据的地方,例如,在我们编辑处理办公文档时,当在键盘上敲入字符时,文档中的字符仅仅存放在内存中,并没有存放到外存。直到我们保存文档时,内存中的数据才会被存入外存(micro SD 卡)中。

第 1 代树莓派的内存容量仅有 256MB 和 512MB,从第 2 代开始,树莓派的内存容量增加到 1GB,使用 LPDDR2 SDRAM,系统性能有所提升。树莓派的 CPU 与 GPU 共享内存,这可以理解为 GPU 与 CPU 共享相同的内存储器。

## 实例 10　树莓派的硬件连接

阅读了以上关于树莓派的介绍,相信读者已经迫不及待,打算立即购买并动手组装一台树莓派。那么,应该如何组装树莓派呢?

本实例以树莓派 3B＋为例,简要说明树莓派 3B＋(或树莓派 4B)的硬件连接方法。

其实,树莓派的组装方法很简单,树莓派 4B 与键盘、鼠标、电视机(或显示器)、网线和电源等硬件的连接方法如图 2-4 所示。

**1. 连接 USB 键盘**

如上所述,树莓派 3B＋(或树莓派 4B)共有四个 USB 接口。连接 USB 键盘时,只要将键盘的 USB 接口插入到树莓派的任何一个 USB 接口即可。

**2. 连接 USB 鼠标**

同样地,连接 USB 鼠标时,只要将鼠标的 USB 接口插入到树莓派 3B＋(或树莓派 4B)

接网线

接micro SD卡

接鼠标
或键盘

接鼠标
或键盘

接USB-C电源　接电视机或显示器　接音箱或耳机

图 2-4　树莓派 4B 的硬件连接方法

的任何一个 USB 接口即可。

**3．连接显示器**

如果显示设备是 HDMI 接口的电视机，那么连接的方法很简单，只要将 HDMI 视频连接电缆的一端插入电视机的 HDMI 接口，另一端插入树莓派的 HDMI 接口即可。

树莓派 4B 主板提供双 micro HDMI 接口，可以同时连接两台显示设备。连接树莓派 4B 主板时，将连接电缆的一端插入电视机的 HDMI 接口，另一端插入树莓派的 micro HDMI 接口即可。

**4．连接网线**

如果使用有线网络，需要将网线的一端插入到交换机或路由器的 RJ-45 接口，另一端插入到树莓派 3B＋(或树莓派 4B)的以太网接口上。

**注意**：相对于树莓派 3B＋的以太网接口，树莓派 4B 的千兆以太网接口的安装位置略有调整。

如果使用 WiFi，则不需要连接网线。

**5．连接电源**

与旧版本的树莓派 3B＋使用普通的 USB 电源供电不同，树莓派 4B 的电源改用 USB-C 接口的电源供电，要求供电电流为 3A 或 3A 以上。因此，在连接电源之前，首先需核实 USB-C 电源的输出电流大于或等于 3A，否则树莓派 4B 可能不能正常启动。

还有一点值得注意，在树莓派的主板上并没有配备电源开关，所以应为树莓派提供带外置电源开关的 220V 电源插座。树莓派 4B 连接电源的具体步骤如下。

（1）关闭 220V 交流电源插座上的电源开关。

（2）把电源转换器插入到 220V 交流电源插座上。

（3）将电源连接线的 USB 端插入到电源转换器上。

（4）将电源连接线的 USB-C 端插入到树莓派 4B 的电源接口上。

（5）开启 220V 交流电源插座上的电源开关。

（6）树莓派 4B 主板上的红色电源指示灯点亮，表示已经正常启动。

# 第 3 章

# 安装树莓派操作系统

## 实例 11　操作系统的基础知识

操作系统(Operating System,OS)是管理和控制计算机硬件与软件资源的计算机程序,是直接与硬件打交道,并且运行在计算机最底层之上的系统软件,任何其他软件都必须在操作系统的支持下才能运行。换句话说,要使计算机能够正常工作,首先就要安装管理计算机的操作系统,然后才能安装和使用其他应用软件。

操作系统是用户和计算机的接口,同时也是计算机硬件和其他软件的接口。操作系统的功能包括管理计算机系统的硬件、软件及数据资源,控制程序运行,改善人机界面,为其他应用软件提供支持,让计算机系统的所有资源最大限度地发挥作用,提供各种形式的用户界面,使用户有一个好的工作环境,为其他软件的开发提供必要的服务和相应的接口等。

目前,操作系统的种类繁多,常用的操作系统可以分为 UNIX 系统、Linux 系统、Mac OS 系统、Windows 系统、iOS 系统和 Android 系统等。

### 1. UNIX 系统

UNIX 系统最初于 1969 年由 Ken Thompson 和 Dennis Ritchie 在美国 AT&T 公司的贝尔实验室开发。UNIX 系统是一个强大的多用户、多任务、分时操作系统,支持多种处理器架构。UNIX 系统大部分源代码都是由 C 语言编写的,这使得系统易读、易改、易移植。UNIX 提供了丰富的、精心设计的系统功能,整个系统的实现十分紧凑、简洁。

### 2. Linux 系统

Linux 系统与 UNIX 系统兼容。Linux 最初是由芬兰赫尔辛基大学的林纳斯·托瓦兹(Linus Torvalds)在 UNIX 的基础上开发的操作系统,Linux 的设计目的是为了让其在 Intel 微处理器上更有效地运行。其后林纳斯·托瓦兹在理查德·斯托曼的建议下以 GNU 通用公共许可证发布,成为自由软件 UNIX 的变种。它的最大的特点在于它是一个源代码公开的操作系统,其内核源代码可以自由传播。

Linux 的发行版本众多,例如 Debian GNU/Linux(及其衍生系统 Ubuntu、Linux

Mint)、Fedora、openSUSE、CentOS 等。Linux 系统在服务器领域上已经成为主流的操作系统。

### 3. Mac OS 系统

Mac OS 系统于 2001 年由苹果公司推出。Mac OS 是一套运行在苹果公司的 Macintosh 系列计算机上的图形操作系统。Mac OS 是首个在商用领域上取得成功的图形操作系统。

### 4. Windows 系统

Windows 系统是由微软公司在 MS-DOS 的基础上开发的图形操作系统。Windows 可以在 32 位和 64 位的 Intel 和 AMD 的处理器上运行。微软公司在 2001 年 10 月 25 日发布了 Windows XP,在 2009 年 10 月 22 日正式推出 Windows 7,2015 年 7 月 29 日,微软又发布了 Windows 10。

### 5. iOS 系统

iOS 操作系统是由苹果公司开发的手持设备操作系统。iOS 与苹果的 Mac OS X 操作系统一样,都是以 Darwin 为基础的,同样属于类 UNIX 的操作系统。原本这个系统名为 iPhone OS,直到 2010 年 6 月 7 日 WWDC 大会上才宣布改名为 iOS。

### 6. Android 系统

Android 系统是一种以 Linux 为内核的操作系统,主要应用于便携设备。Android 操作系统最初由安迪·鲁宾(Andy Rubin)开发,主要支持手机,2005 年由 Google 收购注资,并组建开放手机联盟,此后 Android 系统逐渐从手机扩展到平板电脑及其他便携设备上。

## 实例 12　树莓派的操作系统

树莓派使用的操作系统可以分为官方和非官方两大类。

树莓派基金会官方指定的操作系统是 Raspbian 系统,属于 Linux 系统。

除了 Raspbian 系统以外,树莓派非官方操作系统种类繁多,其性能也各有千秋,常用的非官方操作系统包括 ubuntu MATE、Snappy ubuntu Core、Windows 10 IoT Core、OSMC、LibreELEC、PiNEt、RISC OS 等系统。

### 1. Raspbian 系统

Raspbian 系统是基于 Debian 优化的专门为树莓派硬件开发的免费操作系统。

Debian 系统作为 Liunx 操作系统家族的重要成员,自带了 Python 语言、C 语言等开发工具和众多的例程,并一起被移植到树莓派中。移植到树莓派后的 Debian 系统的名字从原来的词组 Raspberry Pi 和 Debian 中各截取了一部分,合并成 Raspbian。其标志如图 3-1 所示。

图 3-1　Raspbian 系统的标志

事实上,Raspbian 系统提供的并非一个纯粹的操作系统;它还包含了超过 35000 个预编译的软件包,软件资源非常丰富,这些软件包都可以很方便地安装在树莓派上。目前,Raspbian 系统仍在积极开发中,强调提供尽可能多的 Debian 软件包的稳定性和性能。

2019 年 9 月 26 日发布的 Raspbian 系统的工作界面如图 3-2 所示。

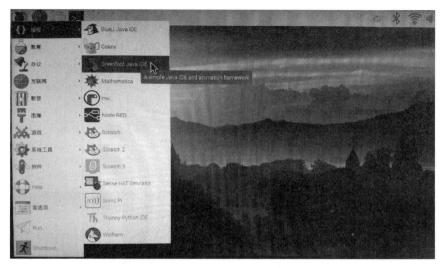

图 3-2　Raspbian 系统的工作界面

**2．ubuntu MATE 系统**

ubuntu Linux 系统是一个以桌面应用为主的开源 GNU/Linux 操作系统，ubuntu Linux 基于 Debian GNU/Linux，支持 x86、AMD64（即 x64）和 PPC 架构，由全球化的专业开发团队 Canonical Ltd 开发。ubuntu 的名称来自非洲南部祖鲁语或豪萨语的"ubuntu"一词，表达类似中国的儒家"仁爱"的思想，意思是"人性""我的存在是因为大家的存在"，是非洲传统的一种价值观。

ubuntu MATE 是 ubuntu Linux 系统的一个派生版，基于桌面环境 MATE。ubuntu MATE 系统的工作界面如图 3-3 所示。

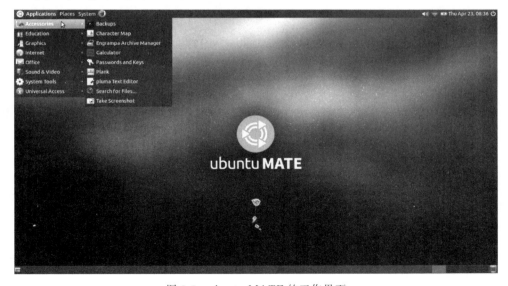

图 3-3　ubuntu MATE 的工作界面

### 3. Snappy ubuntu 系统

Snappy ubuntu 是一个专门为云及设备而设计的、崭新的、具有事务性更新功能的操作系统。它分为 Snappy ubuntu Core 和 Snappy ubuntu Personal 两个版本。Snappy ubuntu Core 是 ubuntu 的定位于物联网（Internet of Thing，IoT）之上的产品。Snappy Ubuntu Core 可以运行在一个不带显示器的设备上，例如家庭网关、机器人、开发板和虚拟机等。Snappy ubuntu Core 系统的标志如图 3-4 所示。

### 4. Windows 10 IoT Core

Windows 10 IoT Core 是微软公司利用 Windows 10 核心架构开发的物联网操作系统，是 Windows 10 多个版本中最简洁的一个版本。Windows 10 IoT Core 使得我们能够用树莓派打造低成本的智能设备。Windows 10 IoT Core 系统的标志如图 3-5 所示。

图 3-4　Snappy ubuntu Core 系统的标志　　　图 3-5　Windows 10 IoT Core 系统的标志

### 5. OSMC 系统

OSMC 是一款基于 Linux 系统的免费和开源的媒体播放系统，可以用作建造低成本的家庭影院。支持树莓派 1、树莓派 2、树莓派 3、树莓派 4、树莓派 Zero 和树莓派 Zero W 等硬件平台。OSMC 系统的工作界面如图 3-6 所示。

图 3-6　OSMC 系统的工作界面

### 6. LibreELEC 系统

LibreELEC 是运行 Kodi 媒体中心的轻量级操作系统，基于 Linux 内核发行，系统为适配 Kodi 运行环境，进行了许多优化和精简，运行速度快，操作简单，也是一款很优秀的多媒体播放系统。LibreELEC 系统的工作界面如图 3-7 所示。

图 3-7　LibreELEC 系统的工作界面

### 7. PiNet 系统

PiNet 系统是一个免费和开源的项目，其设计目标是帮助学校建立和管理树莓派教室。PiNet 系统由来自世界各地十多个国家的教师共同开发。

PiNet 系统的主要特征包括以下 6 个方面：

（1）基于网络的用户账户，教师和学生可以在任何树莓派上登录系统。

（2）基于网络的操作系统，所有树莓派都可以登录同一个 Raspbian 主机系统。

（3）共享文件夹，便于教师和学生共同使用共享文件夹中的公共文件。

（4）工作收集系统，简单的工作收集/提交系统，便于学生上交作业。

（5）自动备份，定期将所有学生的文件自动备份到外部存储器中。

（6）更多的小功能，如批量用户导入、课堂管理软件集成等。

PiNet 系统由一台服务器和多台树莓派（即工作站）组成。建议在服务器上安装 Ubuntu Linux 16.04 系统。Ubuntu 系统是完全免费的。然后，使用有线网络将服务器和所有树莓派连接在一起。PiNet 系统的工作界面如图 3-8 所示。

### 8. RISC OS 系统

RISC OS 系统与众不同，它并不是一款 Linux 系统，也与 Windows 系统毫无关系。RISC OS 的起源可以追溯到最初开发 ARM 微处理器的团队。RISC OS 系统最初由 ARM 公司的前身即英国的爱康计算机公司（Acorn Computers）开发，发布于 1987 年，它专门设计在 CPU 为 ARM 芯片的计算机上运行。RISC OS 的名字来自于所支持的精简指令集（RISC）架构。RISC OS 系统具有快速、紧凑、高效的特点。如今，RISC OS 系统的版权归 Castle Technology 公司所有。树莓派上的 RISC OS 系统的工作界面如图 3-9 所示。

以上仅仅介绍了树莓派常用的操作系统，如果读者有兴趣进一步了解更多的树莓派的相关知识，建议访问树莓派的官方网站，其网址是 https://www.raspberrypi.org。此外，中国的树莓派实验室也是一个优秀的网站，提供了丰富的树莓派教程、作品、软件和相关的资源，其网址是 http://shumeipai.nxez.com/。

图 3-8　PiNet 系统的工作界面

图 3-9　RISC OS 系统的工作界面

## 实例 13　格式化 MicroSD 卡

正如本书实例 4 所述，MicroSD 卡用于安装树莓派的操作系统（操作系统是一种使树莓派正常工作的系统软件，就像 PC 里的 Windows 和 Mac 里的 OS）。因为树莓派操作系统与大部分计算机的操作系统安装常用的光盘安装方法有很大的不同，所以很多初学者觉得这是使用树莓派最棘手的部分。其实树莓派操作系统的安装是很简单的——只是与众不同罢了。

为了安装树莓派最新款的官方的 Raspbian 操作系统，并且使 Raspbian 操作系统能够流畅地运行，需要准备一块全新的容量大于 8GB 且速度为 Class10 的 MicroSD 卡。

全新的 MicroSD 卡一般不需要进行格式化。但如果是曾经使用过的旧卡，例如是一块安装过早期版本的 Raspbian 操作系统的旧卡，那么在安装 Raspbian 操作系统之前，就必须首先对旧卡进行格式化。

然而,必须指出的是,Windows 系统自带的格式化程序是不能胜任 MicroSD 卡的格式化工作的。因此,需要下载并安装用于 MicroSD 卡格式化的专门工具 SD Card Formatter,其下载网址为 https://www.sdcard.org/chs/downloads/formatter_4/index.html。

MicroSD 卡格式化工具 SD Card Formatter 的工作界面如图 3-10 所示。

然后,单击图中的 Select card 下拉列表框,指定需要格式化的 MicroSD 卡。指定了需要格式化的 MicroSD 卡的盘符并且确认无误后,单击 Format 按钮,然后会弹出一个警告窗口,如图 3-11 所示,意思是格式化将会删除这个卡中的所有数据,问是否真的要继续执行?如果确实要进行格式化,单击"是(Y)"按钮。

**注意**:选择格式化目标卡操作必须十分谨慎,千万要小心,不能选错,否则会格式化计算机的其他硬盘分区,导致数据损失。

图 3-10 SD Card Formatter 的工作界面

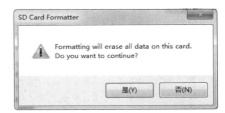

图 3-11 格式化 MicroSD 卡的警告窗口

接着,屏幕上会出现执行格式化操作进程的画面,如图 3-12 所示。稍等片刻,即会完成整个格式化任务,并会出现如图 3-13 所示的格式化完成提示窗口。

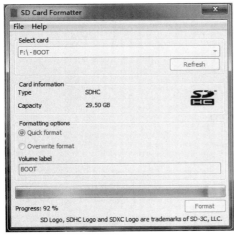

图 3-12 格式化 MicroSD 卡的进程

图 3-13 格式化 MicroSD 卡完成的提示窗口

## 实例 14  用映像文件安装 Raspbian 系统

安装树莓派的 Raspbian 系统,除了要准备好格式化过的 MicroSD 卡以外,还需要下载 Raspbian 系统的映像文件。

可以到树莓派基金会的官方网站下载 Raspbian 系统的映像文件,其网址是 https://www.raspberrypi.org/,该网站首页所显示的信息如图 3-14 所示。

**注意**:树莓派基金会通常会不定期地更新 Raspbian 系统的映像文件,本书仅以 2018 年 6 月 27 日发布的映像文件为例来说明其下载和安装的具体步骤。

图 3-14  树莓派基金会的官方网站

接着,单击网页上方的 Downloads 按钮,转入下载页面,如图 3-15 所示。

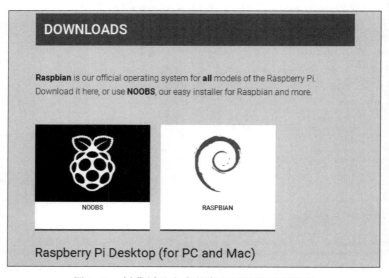

图 3-15  树莓派基金会的官方网站的下载页面

接着单击画面中的大正方形的 RASPBIAN 按钮,会出现如图 3-16 所示的关于 Raspbian 系统的下载说明页面。

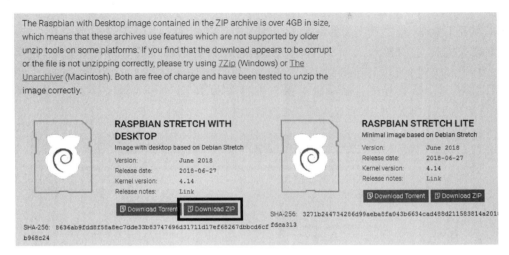

图 3-16 Raspbian 系统的下载说明页面

该下载说明网页给出的信息的中文意思是:Raspbian 是基金会官方支持的操作系统。你可以用 NOOBS 来安装它,也可以下载下面的映像文件来安装。

Raspbian 系统预先安装了大量的软件,用于教育、编程和其他用途。包括 Python、Scratch、Sonic Pi、Java、Mathematica 等。

压缩后的 Raspbian 系统的映像文件是扩展名为.zip 的压缩文件,其体积比较大,超过 4GB,这意味着这个映像文件使用某些较旧的解压缩工具可能无法解压。如果已下载的映像文件似乎已损坏或文件解压缩不正确,可尝试使用新版本的 7Zip(Windows 系统)或 Unarchiver(Macintosh 系统)来解压。两者都是免费的,并经过测试可以正确地解压缩映像文件。

由于映像文件比较大,所以在下载前需确认存放映像文件的硬盘分区至少有 10GB 的空间,否则无法下载和解压。并且,还需要安装好最新版本的压缩/解压缩工具,如 WinRAR、WinZIP 或 7Zip 等。

接着,单击图 3-16 中所示的 Download ZIP 按钮开始下载。屏幕会出现如图 3-17 所示的画面。

图 3-17 新建下载任务窗口

此时,单击"浏览"按钮,指定下载文件存放的文件夹,然后单击"下载"按钮,即可开始下载。由于映像文件较大,下载时间视网速而定,大约需要几个小时甚至十几个小时才能完成,需耐心等待。(注:如果使用迅雷下载的话,下载速度会快一些。)建议在晚上睡觉前给计算机布置下载任务,然后美滋滋地睡觉,到第二天醒来,就会发现大功告成了!

下载完成后,打开映像文件所在的文件夹,可以找到未解压的 ZIP 格式文件,直接双击这个 ZIP 格式文件,可以解压得到 IMG 格式的映像文件。以图 3-18 为例,图中的 2018-6-27-raspbian-stretch 文件就是解压后得到的 2018 年 6 月 27 日发布的 Raspbian 系统映像文件,这个文件大小为 4.7GB,真是一个巨无霸,对吧?!

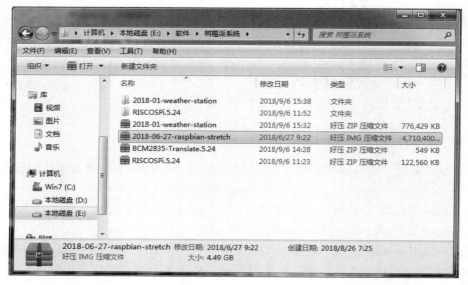

图 3-18　解压得到 IMG 格式的映像文件

到了这一步,离完成整个安装系统的过程就只差一点点了。

请你别着急,为了安装 Raspbian 系统,还需要下载并安装一个名为 Win32 Disk Imager 的安装工具,其下载地址为 https://sourceforge.net/projects/win32diskimager/。

接着,把格式化后的 MicroSD 卡插入到 MicroSD 卡读写器,然后将 MicroSD 卡读写器插入到计算机的 USB 接口上。

启动 Win32 Disk Imager 后,屏幕上会出现如图 3-19 所示的 Win32 Disk Imager 的窗口。

到了这一步,单击图 3-19 中右上角用小正方形所标示的选择按钮,指定下载并解压后得到的 Raspbian 映像文件,结果如图 3-20 所示。

接着,单击"写入"按钮,就会启动安装程序,整个安装过程大约需要十几分钟,建议用户泡上一杯茶,慢慢地品尝茶的芳香,打发一下等待的时间。

安装完成后,屏幕上会出现如图 3-21 所示的提示信息,表明已经成功向 MicroSD 卡写入映像文件。

最后,如图 3-22 所示,单击 U 盘防护窗口中的"拔出"按钮,取出 MicroSD 卡读写器,并把 MicroSD 卡从读写器中取下来,插入到树莓派的相应接口中,即大功告成!

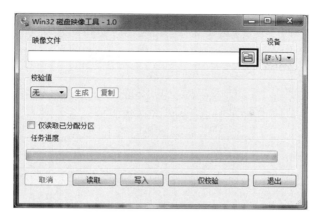

图 3-19 Win32 Disk Imager 工具窗口

图 3-20 指定映像文件后的 Win32 Disk Imager 工具窗口

图 3-21 "写入成功"的提示信息

图 3-22 拔出 MicroSD 读写器

# 实例 15 用 NOOBS 工具安装 Raspbian 系统

除实例 14 所介绍的方法外,还有另外一个更简单的方法来安装 Raspbian 系统,这就是树莓派基金会官方推荐的专用工具 NOOBS。

NOOBS(New Out of Box Software)是树莓派的一个比较简单的操作系统安装管理工具。NOOBS 自身并不是操作系统,而是树莓派官方推荐的启动管理软件。通过 NOOBS,不必使用 Win32 Disk Imager 工具就可以安装系统,并且可以不拔卡就在树莓派上直接重装系统。树莓派基金会建议初学者在第一次使用树莓派时,用 NOOBS 来安装系统,以降低安装的难度。但是 NOOBS 占用 MicroSD 卡的空间较大。

假如动手能力比较强,已经掌握了本书实例 14 所介绍的具体安装方法,学会了直接手动下载 Raspbian 系统镜像文件,解压并会用 Win32 Disk Imager 工具写入到 MicroSD 卡,就不必使用 NOOBS 了。

用浏览器访问网址 https://www.raspberrypi.org/downloads/noobs/,会发现 NOOBS 有两个版本。一个是最小版本,安装时必须联网;另一个是离线版本,安装时不需要联网,它包含了 Raspbian Linux 系统所需要的相关文件。建议选择离线版本下载,以下仅介绍离线版本 NOOBS 的安装方法。

如图 3-23 所示,单击 NOOBS 下载网页下方中间偏左位置的 Download ZIP 按钮,即可开始下载 NOOBS 离线安装工具。

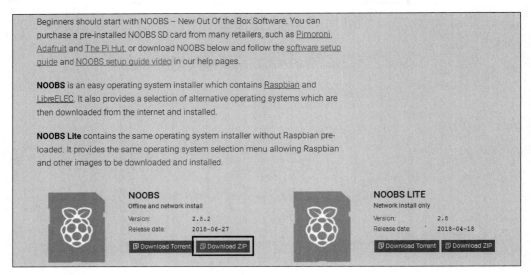

图 3-23　下载 NOOBS 安装工具的网页

这个官方的 NOOBS 离线安装工具同样也是一个巨无霸,文件大小为 1.47GB,下载所需要的时间漫长,视网速不同大约需要几个小时至十几个小时,同样建议安排在晚上睡觉的时间来进行下载。

文件下载成功后,如图 3-24 所示,直接双击下载得到的 NOOBS 的 ZIP 格式的压缩文件,Windwos 将自动用 WinRAR(或 WinZIP)等压缩/解压工具将 NOOBS 解压到某个文件夹中,接着,把这个文件夹中的所有文件直接复制到已经格式化过的 MicroSD 卡中,即可制作好含有安装向导的 MicroSD 卡,MicroSD 卡上的 NOOBS 文件清单如图 3-25 所示。

然后,如图 3-26 所示,单击 U 盘防护窗口中的"拔出"按钮,取出 MicroSD 卡读写器,并把 MicroSD 卡从读写器中取下来,插到小伙伴树莓派的 MicroSD 卡接口中。

接通树莓派的电源,启动 NOOBS 安装向导后,会出现如图 3-27 所示的 NOOBS 安装向导画面。

在图 3-27 中,出现在第一行的按钮符号及其含义依次为 Install(安装)、Edit Config(编辑配置文件)、WiFi networks(WiFi 网络配置)、Online help(在线帮助)、Exit(退出)。

在图 3-27 中,出现在中间区域的是可供选择安装的多个不同版本的操作系统。如果要

图 3-24　解压 NOOBS 离线安装工具

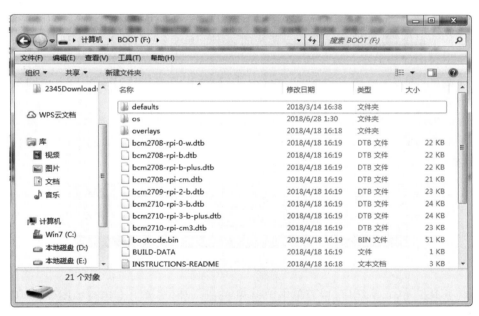

图 3-25　复制到 MicroSD 卡后的 NOOBS 离线安装文件

图 3-26　安全地拔出 MicroSD 卡读写器

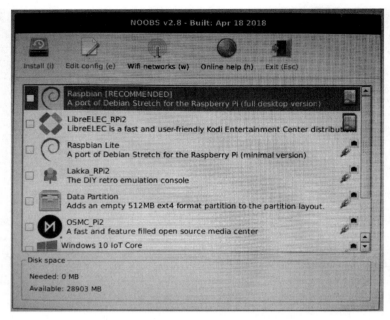

图 3-27　启动 MicroSD 卡上的安装向导程序

安装其中某个系统,可以用鼠标在这个系统的名字上单击一下,接着按一下空格键,那么这个操作系统名字前面的小正方形内就会出现一个小叉号,表明该系统已经指定为等待安装状态。在这里,因为仅仅需要安装 Raspbain 系统,所以只要指定并安装第 1 项的全桌面版 Raspbian 系统即可。

　　细心的用户会发现在屏幕的下方,还出现了如图 3-28 所示的小窗口。这个窗口用于配置树莓派所使用的语言和键盘。在这个小窗口中,需保持原来默认的配置,不要进行任何修改,否则显示中文时可能会出现乱码。

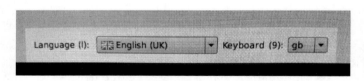

图 3-28　配置树莓派所使用的语言和键盘的小窗口

　　指定了 Raspbian 系统后,接着单击 Install 按钮,此时屏幕上会出现如图 3-29 所示的警告画面。单击 Yes 按钮开始安装。

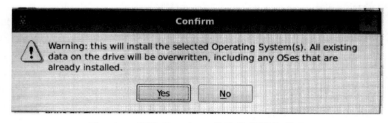

图 3-29　安装 Raspbian 系统前的警告信息

接着,屏幕上会出现提示安装进度,并且隔几分钟自动切换一下,简要介绍树莓派基础知识的画面,如图 3-30 所示。整个安装过程大约需要 20min,需耐心等待。

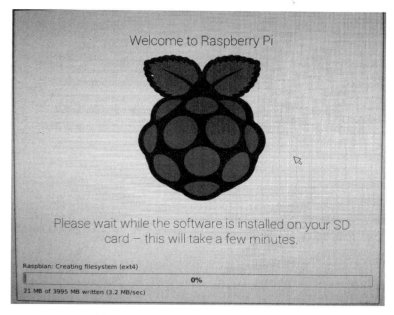

图 3-30 Raspbian 的系统安装进度画面

Raspbian 系统安装完成后,屏幕上会出现如图 3-31 所示的安装成功的窗口,这表明整个 Raspbian 系统的安装工作圆满完成啦!

图 3-31 系统安装成功的提示画面

# 第 4 章

# 树莓派的网络应用

## 实例 16　树莓派系统的基本配置

让我们一起出发，共同探索树莓派的奥秘吧！

在 MicroSD 卡上安装好树莓派的 Raspbian 操作系统并且将 MicroSD 卡插入树莓派之后，就可以接通电源启动树莓派。第一次启动树莓派时，屏幕上会出现如图 4-1 所示的欢迎画面。

图 4-1　树莓派的欢迎画面

图 4-1 所示的画面是树莓派桌面版的欢迎窗口。这个欢迎窗口中的信息提醒用户在开始使用树莓派之前还需要进行一些基本的设置（例如，设置有线网络和无线网络的参数，使树莓派能够在网上冲浪）。此时，单击 Next 按钮开始进行配置，屏幕会接着出现如图 4-2 所示的画面。

图 4-2 所示的画面提示我们需要正确地设置树莓派的地理位置参数，包括国家、语言和时区，此时，单击 Country 右边的下拉按钮，把树莓派所在的国家设置为 China（中国）；然后单击 Language 右边的下拉按钮，把语言设置为 Chinese（注：中国的语言会默认为汉语）；最后，单击 Timezone 右边的下拉按钮，把所使用的时区设置为 Shanghai（中国的时区默认

图 4-2　设置国家、语言和时区的窗口

为上海），正确地设置了这 3 个参数后结果如图 4-3 所示。

　　**注意**：这一步操作要谨慎，必须正确地将国家设置为 China，否则以后树莓派的工作界面就不会显示中文了。

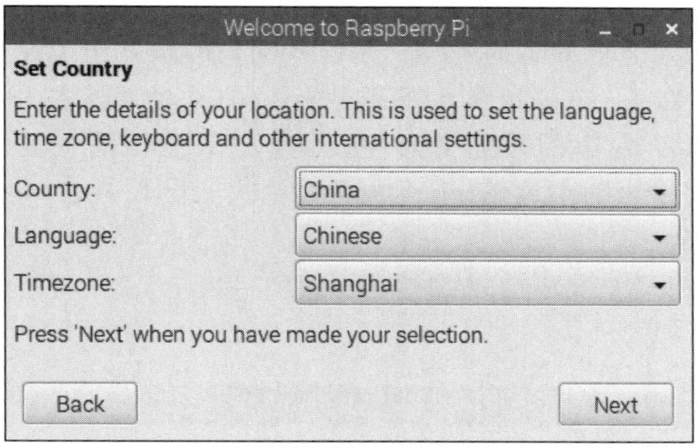

图 4-3　正确的国家、语言和时区参数

　　选择地理位置参数这一步完成以后，单击 Next 按钮进入下一步，屏幕上会出现如图 4-4 所示的画面。

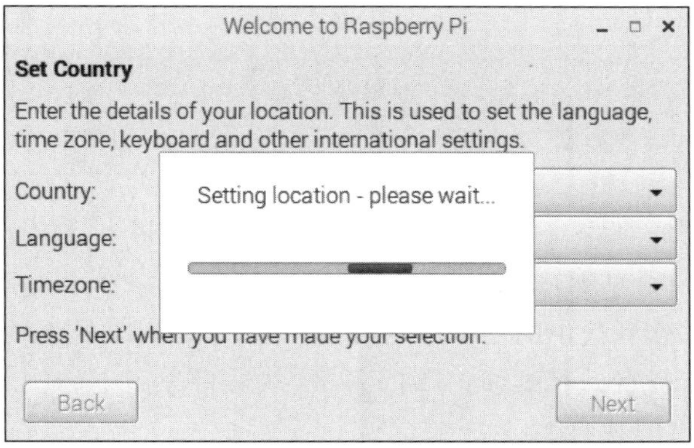

图 4-4　正在保存国家、语言和时区等位置参数的画面

图 4-4 所示的信息表明树莓派当前正在保存国家、语言和时区等地理位置参数，需稍等几分钟。然后屏幕上会出现如图 4-5 所示画面。

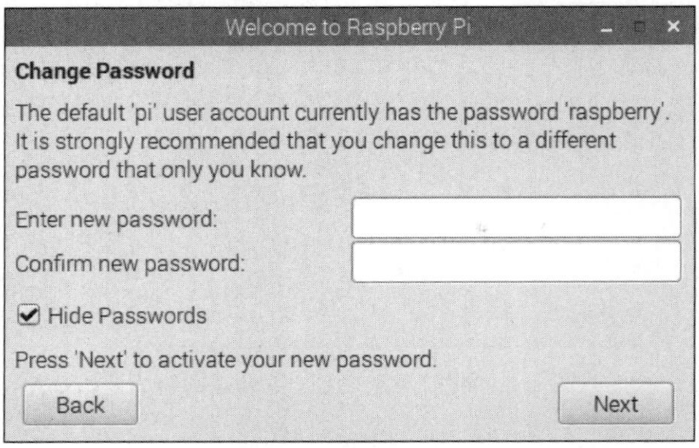

图 4-5　修改树莓派密码的窗口

图 4-5 所示的是修改树莓派系统密码的窗口，当前默认的用户名设置为 pi，相应的密码为 raspberry。为了提高树莓派的安全性能，防止黑客入侵，在这一步中，强烈建议修改密码，要将密码修改为只有自己知道的密码。建议将密码的长度至少设置为 12 个字符，并且密码同时包含字母和数字。在 Enter new password 右边的填空栏中填入新密码，并且在 Confirm new password 右边的填空栏中再次填入完全相同的密码。如果单击 Hide Passwords（隐藏密码）左边的小钩，这个小钩将会消失，此时，在窗口中的两个填空栏中都会显示刚才填入的密码。

树莓派系统的密码设置完成后，单击 Next 按钮进入下一步，接着，屏幕会出现如图 4-6 所示的窗口。

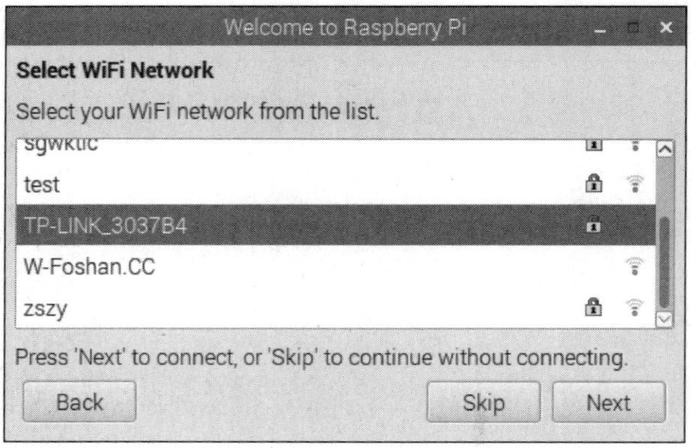

图 4-6　选择无线路由器

图 4-6 中所示的窗口是提示要选择合适的家庭无线路由器，以便让树莓派能够接入互联网。在本例中，本书作者选中的是名字为 TP-LINK_3037B4 的无线路由器，在读者设置无线网络时，需单击选择自己家庭路由器的名字，然后再单击 Next 按钮进入下一步，屏幕上会出现如图 4-7 所示的画面。

在上一步，已经选择了名字为 TP-LINK_3037B4 的家庭无线路由器，所以在这里需要

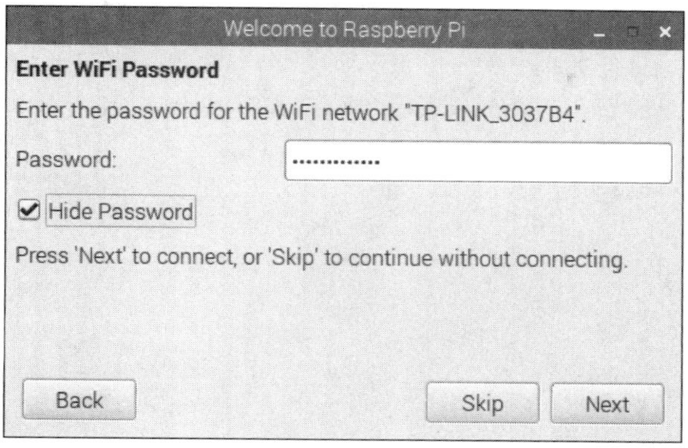

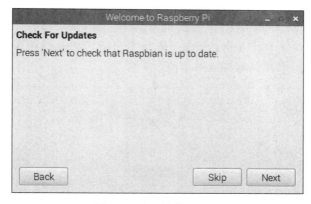

图 4-7　WiFi 的密码

填写相应的 WiFi 接入密码。

同样地，在这一步中，如果单击 Hide password（隐藏密码）左边的小钩，则这个小钩会消失，在填空栏中将会显示填入的 WiFi 密码。WiFi 密码设置完成后，单击 Next 按钮进入下一步，则屏幕上会出现如图 4-8 所示的画面。

图 4-8　升级树莓派系统

图 4-8 中所示的窗口提示需升级树莓派系统。树莓派基金会对 Raspbian 系统会不断地改进，以提高系统的性能。换句话说，就是没有最好的树莓派，只有更好的树莓派。在这里，顺便赞美一下树莓派基金会。通常每隔几个月，树莓派基金会都会提供升级包让用户升级 Raspbian 系统。

此时，单击 Next 按钮进入树莓派 Raspbian 系统的升级环节；如果不打算升级，也可以直接单击 Skip 按钮跳过这一步。

请注意，整个树莓派 Raspbian 系统的升级过程很长，也许需要花费几小时甚至更长的时间，需耐心等待。树莓派系统的升级过程完成后，屏幕上会出现如图 4-9 所示的画面。

图 4-9 所示的画面表明树莓派系统的基本参数已经设置完成。但是，以上各个配置好的参数需要在重新启动系统之后才能生效，因此，到了这一步，需单击 Reboot 按钮，即可重新启动系统，开始探索树莓派的奇妙之旅！

图 4-9　树莓派系统升级完成的画面

## 实例 17　树莓派的菜单栏和关机步骤

重新启动树莓派后,屏幕上会出现如图 4-10 所示的主工作界面。

在主工作界面中,第一行是菜单栏,在菜单栏的左侧有 6 个按钮,分别用于启动树莓派的常用软件,与 Windows 系统的操作方法相似,只要单击某个按钮,就可以启动相应的软件;在菜单栏的右侧有 5 个状态指示按钮,分别用于指示树莓派当前的蓝牙、网络连接状态,音量大小,内存占用率和时间等状态信息。

图 4-10　树莓派的主工作界面

(1) 单击菜单栏左侧的第 1 个按钮 ,将显示如图 4-11 所示的主菜单。主菜单中包括"编程"、"办公"、"互联网"、"游戏"、"附件"、"系统工具"、"Help"(帮助)、"首选项"、"Run"(运行)、"Shutdown"(关机)等子菜单选项。

(2) 单击菜单栏左侧的第 2 个按钮 ,可以启动树莓派自带的网页浏览器 Google

图 4-11 树莓派系统的主菜单

Chromium，只要在地址栏填入正确的网址（如 www. qq. com），就可以访问相应的网站。

（3）单击菜单栏左侧的第 3 个按钮▢，打开树莓派的文件夹窗口，可以直观地浏览各个文件夹的文件。

（4）单击菜单栏左侧的第 4 个按钮▣，会启动 LX 终端窗口，这个窗口与 Windows 操作系统的 MSDOS 命令行窗口很相似，可以直接输入 Linux 命令并且执行相应的操作。

（5）单击菜单栏左侧的第 5 个按钮❋，会启动科学计算软件 Mathematica。Mathematica 是一款优秀的科学计算软件，它很好地结合了数值和符号计算引擎、图形系统、编程语言、文本系统和其他应用程序。Mathematica 具有将近 5000 个内置函数——所有这些函数都经过精心设计，使其完美地整合在 Mathematica 软件中。

（6）单击菜单栏左侧的第 6 个按钮❸，会启动 Wolfram 编程语言。Wolfram 语言是 Mathematica 和 Wolfram Programming Cloud 所使用的语言。这是一种由沃尔夫勒姆研究公司开发的多模态编程语言。它具有广泛和普遍的适用性，主要特点是符号计算、函数式编程和基于规则的编程。它可以用来创建和表示任何结构和数据，并且可以用于解决大量专业领域的问题。例如，它内置了用于生成和运行图灵机、创建图形和音频、分析三维模型、矩阵操作、求解微分方程的内置函数。

在本例的最后，介绍一下树莓派关机和重新启动的正确步骤。

**注意**：关机时不能粗暴地直接断开树莓派的电源，这样有可能导致树莓派系统瘫痪。为了防止出现这种故障，必须掌握正确的关机步骤。

当需要关机时，首先单击菜单栏左侧的第 1 个按钮❸，此时，屏幕会显示如图 4-12 所示的主菜单。

接着，单击主菜单最后一行的 Shutdown 选项，则屏幕中央会弹出如图 4-13 所示的关机对话窗口。这个窗口中包括 Shutdown（关机）、Reboot（重新启动）、Logout（退出当前账号）等 3 个按钮。

最后，单击 Shutdown 按钮，稍等片刻，绿色的电源指示灯会熄灭，这表明可以安全地关闭树莓派，必须等到这一步才能按下电源开关，切断树莓派的电源。

如果需要重新启动树莓派，只要单击图 4-13 中的 Reboot 按钮即可。

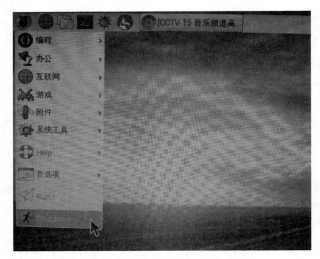

图 4-12　树莓派的主菜单

图 4-13　树莓派的关机对话窗口

除了以上介绍的方法之外,还可以在命令行界面中输入以下四个命令之一来关机。

```
sudo shutdown – h now
sudo halt
sudo poweroff
sudo init 0
```

另外,在命令行中重新启动树莓派的方法是输入以下两个命令之一。

```
sudo reboot
sudo shutdown – r now
```

## 实例 18　在树莓派上安装及使用中文输入法

参照以上的典型实例安装和配置树莓派后,已经可以开始用树莓派上网,甚至可以用树莓派探索编程的奥秘。然而,使用树莓派时不能缺少中文的输入和输出的环境。因此,在本实例中,将介绍如何在树莓派中安装和使用中文输入法。

在这里,建议在树莓派上安装 Fcitx 中文输入法。这是 Linux 系统中最流行的中文输入法,支持拼音和五笔字型输入。

Fcitx（Free chinese input toy for X）输入法的标志如图 4-14 所示,其中文名称为小企鹅输入法,它是一个以 GPL 方式发布的输入法平台,可以通过安装引擎支持多种输入法,支持简体字输入繁体字输出,它的优点是与 Linux 系统的兼容性比较好。

图 4-14　小企鹅输入法的标志

安装小企鹅输入法的方法很简单,只需要经过以下几个步骤即可。

（1）单击菜单栏左侧的第 4 个按钮　,打开 LX 终端窗口,此时可以向树莓派下达执行 Linux 命令。

（2）在 LX 终端窗口中输入命令"sudo apt install fcitx"并按一下 Enter 键让树莓派执行这个命令。在该命令的执行过程中屏幕上会出现一长串英文提示信息，并且会停下来提问是否继续执行安装操作，此时，输入小写字母 y，并且按 Enter 键即可开始安装小企鹅输入法。

（3）在 LX 终端窗口中继续输入命令"sudo apt install fcitx-pinyin"并按一下 Enter 键，让树莓派执行这个命令。该命令的作用是安装小企鹅支持的拼音输入法。在该命令的执行过程中屏幕上也会出现一长串英文提示信息。

（4）在 LX 终端窗口中继续输入命令"sudo apt install fcitx-table-wubi"并按一下 Enter 键，让树莓派执行这个命令。该命令的作用是安装小企鹅支持的五笔字型输入法。在该命令的执行过程中屏幕上同样会出现一长串英文提示信息，并且会停下来提问是否继续执行安装操作，此时，输入小写字母 y 并且按 Enter 键，即可继续安装小企鹅支持的五笔字型输入法。

当小企鹅输入法安装完成后，需要重新启动树莓派。重启后，屏幕右上方的状态栏中会增加了一个如图 4-15 中用黑框围起来的小键盘图标，恭喜你！这表明小企鹅输入法已经安装成功了。

图 4-15 小企鹅输入法的状态图标

小企鹅输入法可供选择的中文输入法共有 3 种，即拼音输入法、双拼输入法和五笔字型输入法。右击小键盘图标时会弹出如图 4-16 所示的输入法下拉菜单，此时可以单击选择所需的中文输入法。

图 4-16 选择中文输入法

此后，只要按下 Ctrl＋空格组合键，就可以使树莓派从原来的英文输入状态切换到中文输入状态；按下 Ctrl＋Shift 组合键可以在拼音输入法、双拼输入法和五笔字型输入法之间轮换；当再次按下 Ctrl＋空格组合键，就可以从中文输入状态回到英文字符输入状态。

### 实例 19　用树莓派浏览网页

连接上互联网后,就可以用树莓派畅快地上网了。亲爱的读者,你喜欢听歌吗?喜欢欣赏网上视频节目吗?让我们一起出发,先去访问中央电视台网站的音乐频道吧!

树莓派的 Raspbian 系统自带了 Google 公司开发的 Chormium 网页浏览器,并且这个浏览器已经安装了 Flash 播放器插件。Flash 是一种基于矢量技术的压缩率比较高的流媒体编码和播放技术,换句话说,就是不需要再自行安装 Flash 插件,就已经可以直接用树莓派欣赏 Flash 技术所支持的网络视频和 Flash 动画节目了。

首先单击菜单栏左侧的浏览器按钮 ,打开浏览器窗口,并且在地址栏中输入中央电视台网站(以下简称央视网)的网址 www.cctv.com,并按 Enter 键,然后稍等片刻,屏幕上会显示央视网站的主页,结果如图 4-17 所示。

图 4-17　浏览中央电视台网站的主页

央视网的信息量很大,如果要欣赏其音乐频道的网上直播节目,可继续单击图 4-17 中所示的"直播"按钮,打开如图 4-18 所示的窗口。

目前,央视网的十几个电视频道都已经实现了网上直播。在图 4-17 所示的画面中,单击右侧向下滚动的按钮,找到并单击"CCTV-15 音乐"按钮,屏幕上会切换到央视网音乐频道的网页。

由于这是第一次访问央视网,并且央视网应用了 Flash 技术来播放视频节目,所以会出现一个提问是否运行 Flash 的对话窗口,此时,单击"允许"按钮,接着,继续单击屏幕中间的"请点此安装最新 Flash"字样的文字按钮,稍等片刻,会播放广告节目,广告之后,就可以愉

图 4-18 浏览中央电视台网站的音乐频道

快地欣赏央视网音乐频道的网上直播了。

但是，也许你的网络传输速度比较慢，导致在欣赏网上直播的视频节目时，视频不能流畅地播放。究其原因，是因为互联网的接入技术多种多样，其相应的网络信号的传输速度也差距较大。常用的接入技术有 xDSL 接入、Cable Modem 接入和光纤接入等有线接入技术，还有 WiFi、WiMAX、4G 和 5G 等无线接入技术(注：有关互联网接入技术的更详细的技术资料可以阅读本书作者编著的教材《接入网技术》)，不同的网络服务商的网络服务质量也不一样。假如树莓派不能流畅地播放网上视频，有条件的话，可将网络服务商(Internet Server Provider，ISP)升级为传输速度最快的光纤接入服务商。

另外，很遗憾！当用树莓派访问一些网站时，仍然会有一些网站上的视频节目打不开，其原因是树莓派自带的 Chormium 网页浏览器与微软公司的 Internet Explorer 网页浏览器之间仍然存在不完全兼容的问题。我们只好期待 Google 公司日后进一步改进其 Chormium 浏览器了。

亲爱的读者，欢迎你访问本书作者余智豪的个人网站，网站的主要对象是广大大学生，名称为"智豪校园网"，网址是 www.zhihao.com，如图 4-19 所示。

"智豪校园网"是一个以 Flash 动画为主题的网站，内容并不多，仅有"编著""音乐""游戏"和"工具"等四个子菜单。

"智豪校园网"的"编著"子菜单介绍了作者近年来编著的大学本科计算机专业的教材，包括《接入网技术》《物联网安全技术》和《网络互联技术教程》等专业图书。

"音乐"子菜单收集了一些动听的用 Flash 二维动画技术制作的歌曲。

"游戏"子菜单收集了一些好玩的 Flash 动画格式的游戏，这些游戏都不需要安装，以方

图 4-19 "智豪校园网"网站

便玩家,只要打开网页就可以直接玩了。

"工具"子菜单收集了一些常用的工具。如日历、时钟、天气等。这里还包含了网络版的成语词典,简单实用,可以方便快捷地搜索成语,"搜成语"网页的工作界面如图 4-20 所示。

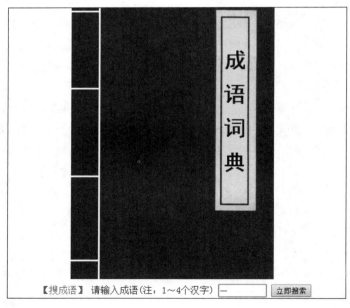

图 4-20 "智豪校园网"的"搜成语"网页

例如,在填空栏中填入"一"字,接着单击"立即搜索"按钮,稍等几秒钟,屏幕会显示出所有包含"一"字的成语及解释,如图 4-21 所示,嘿嘿,亲爱的读者,你是不是觉得这个网络版的成语词典很实用? 呵呵,请向亲友们宣传一下吧,非常感谢!

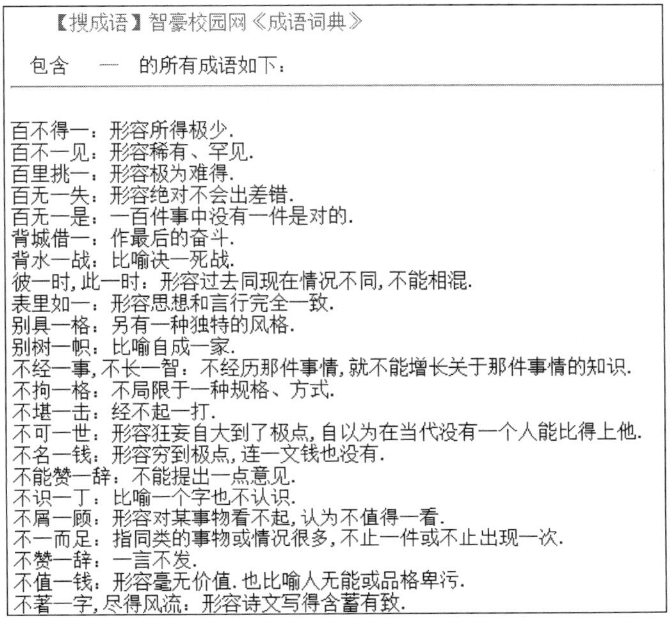

【搜成语】智豪校园网《成语词典》

包含　　一　　的所有成语如下:

百不得一: 形容所得极少.
百不一见: 形容稀有、罕见.
百里挑一: 形容极为难得.
百无一失: 形容绝对不会出差错.
百无一是: 一百件事中没有一件是对的.
背城借一: 作最后的奋斗.
背水一战: 比喻决一死战.
彼一时,此一时: 形容过去同现在情况不同,不能相混.
表里如一: 形容思想和言行完全一致.
别具一格: 另有一种独特的风格.
别树一帜: 比喻自成一家.
不经一事,不长一智: 不经历那件事情,就不能增长关于那件事情的知识.
不拘一格: 不局限于一种规格、方式.
不堪一击: 经不起一打.
不可一世: 形容狂妄自大到了极点,自以为在当代没有一个人能比得上他.
不名一钱: 形容穷到极点,连一文钱也没有.
不能赞一辞: 不能提出一点意见.
不识一丁: 比喻一个字也不认识.
不屑一顾: 形容对某事物看不起,认为不值得一看.
不一而足: 指同类的事物或情况很多,不止一件或不止出现一次.
不赞一辞: 一言不发.
不值一钱: 形容毫无价值.也比喻人无能或品格卑污.
不著一字,尽得风流: 形容诗文写得含蓄有致.

图 4-21　"智豪校园网"的"搜成语"的结果

为了便于学习更多有关树莓派的技术知识,这里列出几个你可能感兴趣的网站及相关网址,但愿能有所帮助。

https://www.raspberrypi.org/ 树莓派官方网站

http://shumeipai.nxez.com/ 树莓派实验室

http://www.shumeipai.net/ 树莓派论坛

https://linux.cn/tech/raspberrypi/ Linux 中国开源社区树莓派专栏

如果需要查找更多有关树莓派技术的网站,可以直接通过百度网站来搜索。

树莓派的 Raspbian 系统自带的 Chormium 网页浏览器还有一个非常值得称赞的功能,这就是网页翻译功能。

在这里,以树莓派的官方网站为例来说明。用 Chormium 网页浏览器访问网址https://www.raspberrypi.org/,如图 4-22 所示。

接着,浏览器会自动出现提问"要翻译此网页吗?",如图 4-23 所示。(注: 如果没有自动出现翻译提问,需单击图 4-23 右上方小五星左侧的翻译图标)

这时,如果单击"翻译"按钮,就会自动翻译当前的网页,翻译的结果如图 4-24 所示。这个翻译功能是否非常实用?

图 4-22　树莓派的官方网站

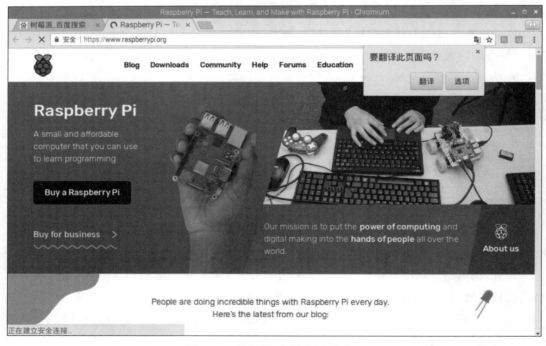

图 4-23　提问"要翻译此网页吗?"

图 4-24　树莓派官方网站首页的翻译结果

## 实例 20　用树莓派在网上购物和收发电子邮件

除了浏览网页,还可以用树莓派在网上购物。近年来,我国在电子商务领域的发展很快,电子商务网站越来越多,有综合性的电子商务网站,也有专业性的电子商务网站,涉及我们日常生活中衣食住行的各个方面。

在我国国内最常用的电子商务网站有淘宝(https://www.taobao.com/)、天猫(https://www.tmall.com/)和京东(https://www.jd.com/)等,而在国外最常用的电子商务网站是亚马逊(https://www.amazon.com/)。

下面继续介绍如何在树莓派上使用电子邮件,在这里,我们以常用的 QQ 邮箱为例来说明如何注册电子邮箱,以及如何发送和接收电子邮件。

首先,在树莓派上启动网页浏览器,并在网页浏览器的地址栏中输入 QQ 邮箱网站的网址 http://mail.qq.com/,如图 4-25 所示。

如果没有 QQ 邮箱账号,在这一步,单击"注册新账号"按钮,并按提示填写用户名、手机号码、密码等个人信息来注册,注册成功后,可以登录大名鼎鼎的聊天软件 QQ 的工作窗口,如图 4-26 所示。如果已经有 QQ 邮箱账号,在图 4-25 的界面中输入 QQ 号和密码,可以直接进入如图 4-27 所示的工作窗口。

如果 QQ 邮箱尚未开通,单击 QQ 窗口中上方的小信封按钮。屏幕上会出现开通 QQ 邮箱的网页,按提示进行开通。开通成功后,可以进入 QQ 邮箱的工作界面,如图 4-27 所示。

图 4-25　QQ 邮箱网站

图 4-26　QQ 的工作窗口

　　此时,只要单击图 4-27 中左上方的"写信",就可以编写电子邮件了。请注意,在写邮件之前,必须知道接收电子邮件的亲友的邮箱地址。可以直接打电话询问,或者通过微信等渠道询问,取得他们的电子邮件地址(Email 地址)。

　　一般来说,QQ 邮箱地址是"QQ 号＋@qq.com",例如,亲友的 QQ 号是 12345678,那么他的 QQ 邮箱地址就是 12345678@qq.com。

图 4-27　QQ 邮箱的工作界面

　　如图 4-28 所示，写信时，首先在"收件人"右侧的填空栏中填写收件人的电子邮箱地址，例如 12345678@qq.com；然后，在"正文"右侧的填空栏中填写信函的正文；检查无误后，只要单击"发送"按钮，就可以把电子邮件发送给亲友了。

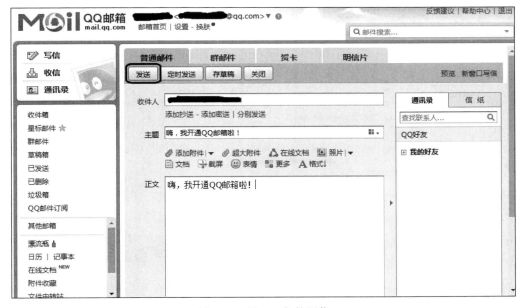

图 4-28　用 QQ 邮箱写信

　　如果需要接收亲友发来的电子邮件，只要单击图 4-29 中的左侧的"收件箱"，即可在线检查是否有来信，查看收件箱中已经收到的电子邮件的目录。

此时,如果单击其中某一封来信,即可打开这封邮件并查看其具体内容,如图 4-29 所示。

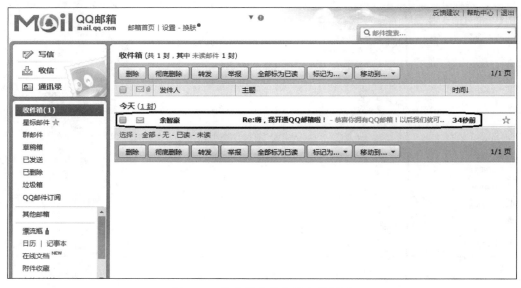

图 4-29　收件箱中的电子邮件目录

如图 4-30 所示,这是亲友回信的示例。

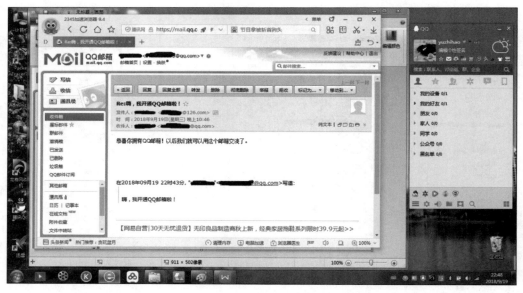

图 4-30　查看收到的电子邮件的内容

以后,可以使用同样的方法给其他亲友发送电子邮件。请注意,发送和接收电子邮件都是免费的,并且电子邮件的传送速度非常快,甚至短短几秒钟内就可以送达。

嘿嘿,人类社会已经发展到信息时代,传统的靠邮递员手工投递邮件的通信方式已经过时了,正因为如此,现在越来越多的朋友改用电子邮件、微信等先进的通信工具来进行沟通。

# 第 5 章

# 树莓派的文件管理

## 实例 21 　树莓派的文件系统

文件系统是一种存储和组织计算机数据的方法，它使得计算机用户对数据的访问和查找变得很简单。

不同的计算机操作系统的文件系统格式并不一样。常用的文件系统格式如表 5-1 所示。

**表 5-1　常用的文件系统格式**

| 文件系统名称 | 说　　明 |
| --- | --- |
| ext2 | 早期的 Linux 系统中的文件系统格式 |
| ext3 | ext2 文件系统格式的升级版，带有日志功能 |
| MS-DOS | 微软公司的 MS-DOS 系统的文件系统格式 |
| FAT | 微软公司的 Windows XP 系统的文件系统格式 |
| NTFS | 微软公司的 Windows NT 系统的文件系统格式 |
| ISO9660 | 光盘所使用的文件系统格式 |
| RAMFS | 内存系统的文件系统格式 |
| NFS | 由 SUN 公司发明的文件系统格式，用于远程文件共享 |

树莓派的文件系统由多个文件夹组成，其文件系统的结构如图 5-1 所示。

在文件夹中，既可以存放文件，也可以存放子文件夹。文件夹也称为目录，就像我们看书时首先查看目录一样。为了方便以后查找文件，建议将同类的文件存放在同一个文件夹中。

Linux 文件系统与大家熟悉的 Windows 文件系统有较大的差别。Windows 的文件结构是多个并列的树状结构，最顶部的是不同的磁盘（分区），如 C、D、E、F 等。而 Linux 的文件结构是单一的倒挂的树状结构，位于最上方的是根目录，用符号"/"表示，其他文件夹都位于根目录下，用"/文件夹的名称"来表示，例如/home。

在 Linux 操作系统中，已经存放了一些特定类型的文件夹，这些特定文件夹中的文件很

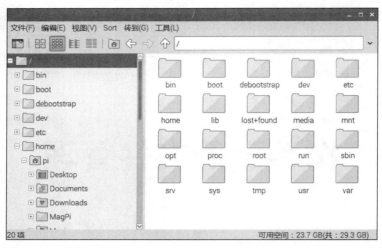

图 5-1　树莓派的文件系统结构

重要，用户不能随意删除。表 5-2 列出了树莓派的各个特定文件夹的名称及用途。

表 5-2　树莓派特定文件夹的用途

| 文件夹名称 | 文件夹的用途 |
|---|---|
| / | 根目录，位于树莓派倒挂的树型文件结构的最顶端，包含其他文件夹 |
| /boot | 启动文件夹，存放树莓派启动时所需要的内核文件 |
| /bin | 存放树莓派自带的（包括运行图形界面所需的）二进制可执行文件 |
| /dev | 用于存放硬件驱动程序，如声卡驱动程序、磁盘驱动程序等 |
| /etc | 用于存放树莓派系统的配置文件 |
| /home | 用于存放树莓派用户数据的文件夹，其中包含一个名为 pi 的文件夹 |
| /lib | 用于存放内核模块和库文件，类似 Windows 系统的 DLL 文件 |
| /lost＋found | 该文件夹一般情况下是空的，当系统非法关机后，这里会存放一些临时文件 |
| /media | 用于存放可移动存储驱动器，如 U 盘和 CD 光盘 |
| /mnt | 用于临时挂载外部硬件或存储设备 |
| /opt | 该文件夹通常为空，是用于测试大型软件的文件夹 |
| /proc | 用于存放进程（正在运行的程序）信息和内核（CPU 和内存）信息 |
| /root | root 用户的文件夹，访问这个文件夹需要 root 权限 |
| /run | 用于存放系统运行时的信息 |
| /sbin | 用于存放系统维护和管理命令的文件 |
| /sys | 用于存放系统文件，这是一个可以用于硬件操作的文件夹 |
| /tmp | 用于存放临时文件 |
| /usr | 用于存放用户使用的程序 |
| /var | 用于存放系统缓存文件的文件夹，包括日志、邮件等 |

　　例如，单击树莓派菜单栏上的"文件管理器"按钮，会显示如图 5-2 所示的画面。

　　在图 5-2 中，文件管理器窗口左侧所示的是树莓派的文件夹结构，右侧是左侧的当前文件夹所包含的文件清单。例如，单击左侧的 bin 字样，右侧就会显示/bin 文件夹中所包含的所有文件的清单，其结果如图 5-3 所示。

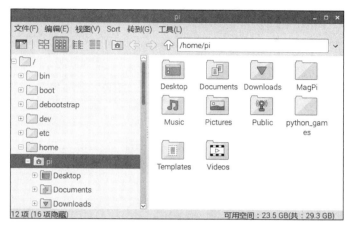

图 5-2　树莓派的文件管理器

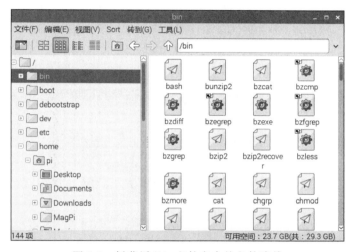

图 5-3　树莓派/bin 文件夹中的文件清单

## 实例 22　在树莓派上建立和删除文件夹

在树莓派系统中,/home/pi 是分配给用户使用的默认的文件夹。除了/home/pi 文件夹以外,其余的文件夹及包含的文件因为有特定的用途,所以都是受树莓派 Raspbian 系统保护的,换句话说,就是这些文件夹及包含的文件不能被用户随意删除。

### 1. 在树莓派上建立文件夹

在树莓派上建立文件夹的方法与在 Windows 系统相似。例如,需要在如图 5-4 所示的文件管理器窗口中的/home/pi 文件夹中,建立一个名称为"我的照片"文件夹,具体的操作步骤如下。

首先,单击树莓派菜单栏上的"文件管理器"按钮,打开如图 5-4 所示的文件管理器窗口,并显示默认文件夹/home/pi 中包含的文件夹和文件。

图 5-4　树莓派的文件管理器

　　接着,将鼠标指针移动到文件管理器右侧的空白位置处并右击,然后单击弹出的快捷菜单第一行的"新建",再单击"文件夹",屏幕上会出现"创建新文件夹"窗口,在其中的填空栏填入文件夹的名称。在本例中,填入"我的照片",填好之后继续单击"确定"按钮,即可建立名称为"我的照片"新文件夹,结果如图 5-5 所示。

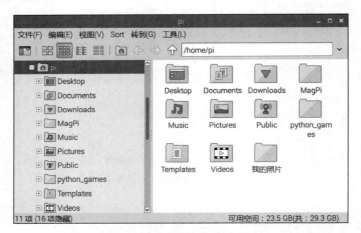

图 5-5　建立"我的照片"文件夹

### 2. 在树莓派上删除文件夹

　　在树莓派的图形界面中删除文件夹的方法同样很简单。例如,需要删除刚才在/home/pi 文件夹中所建立的名为"我的照片"的文件夹,具体的操作步骤如下。

　　在图 5-5 所示的画面中,首先单击选中准备删除的文件夹"我的照片"的图标,然后按树莓派键盘中的 Delete 键(删除键),屏幕上会出现如图 5-6 所示的删除确认对话框,问:"您想将文件"我的照片"移到回收站吗?"此时,如果继续单击"是(Y)"按钮会执行删除操作;如果单击"否(N)"按钮则会取消删除操作。

　　单击"是(Y)"按钮删除文件夹后,这个文件夹并不是真正地被删除,而是被移到了回收站。如果后悔了,还可以从回收站中将被删除的文件夹还原。

在这里,假定需要还原刚才删除的文件夹"我的照片",具体的操作步骤如下。

首先,双击如图 5-7 中所示的回收站图标。

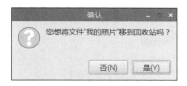

图 5-6　删除确认对话框　　　　　　　　　　图 5-7　回收站图标

接着,屏幕上会出现如图 5-8 所示的回收站窗口,回收站中存放着之前被删除的文件夹或文件。

然后,将鼠标指针移到"我的照片"图标处并右击,会出现如图 5-9 所示的快捷菜单。此时,单击快捷菜单中的第 2 行的"还原"即可还原文件夹。

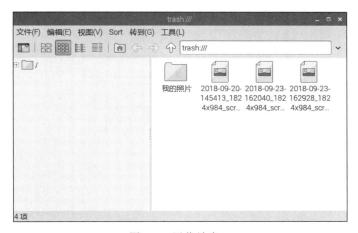

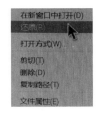

图 5-8　回收站窗口　　　　　　　　　　　　图 5-9　还原文件夹

反之,如果在如图 5-9 所示的快捷菜单中单击"删除",则会将"我的照片"文件夹彻底删除,即不能再被还原。

## 实例 23　在树莓派上使用 U 盘和复制文件

U 盘,全称是 USB 闪存盘,英文名称为 USB flash disk。它是一种体积小、容量大的移动存储设备,可以通过 USB 接口与计算机连接,并实现即插即用,是一种方便实用的便携式存储产品。

U 盘是深圳市朗科科技有限公司发明的一种移动存储设备,也称作"优盘",使用 USB 接口与计算机进行连接。U 盘连接到计算机的 USB 接口后,U 盘中的文件可以复制到计算机中,反过来,计算机中的文件也可以复制到 U 盘中。与 Windows 系统中 U 盘即插即用的功能相似,树莓派 Raspbian 系统也能够自动识别 U 盘,即插即用,使用起来非常方便。

例如,在树莓派 Raspbian 系统中,插入一个容量为 1GB 的 U 盘,稍等片刻,屏幕就会出现如图 5-10 所示的"插入了可移动媒质"(即 U 盘)的提示窗口。

图 5-10　"插入了可移动媒质"窗口

此时，继续单击如图 5-10 中所示的"确定"按钮，会出现如图 5-11 所示的画面。

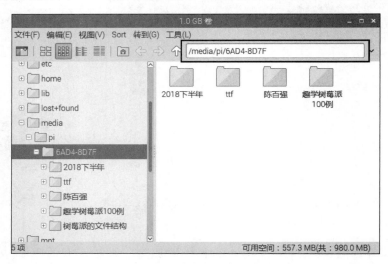

图 5-11　U 盘中的文件夹清单

在图 5-11 所示的文件管理器窗口中，最上方的标题栏显示了这个 U 盘的容量，即"1.0GB 卷"；窗口的左侧显示了 U 盘的文件结构；窗口的白色箭头的右边给出了 U 盘的文件夹名称，即/media/pi/6AD4-8D7F；在窗口的右下方，列出了 U 盘中所包含的文件清单（包括文件夹和文件）。

在本例中，U 盘中包含有"2018 下半年""陈百强"和"趣学树莓派 100 例"等文件夹。其中，/media/pi/6AD4-8D7F 是树莓派自动为 U 盘指定的路径和文件夹名称，即 U 盘存放的路径位于文件夹/media/pi/中，树莓派自动为 U 盘命名的文件夹名称是 6AD4-8D7F。

在本例中，如果双击图 5-11 中"陈百强"图标，则会打开 U 盘的文件夹/media/pi/6AD4-8D7F 中的名称为"陈百强"的子文件夹，并显示其中所包含的所有文件，结果如图 5-12 所示。

在图 5-12 中，表明当前的"陈百强"文件夹中包含有 27 个 mp3 音乐文件。

图 5-12　U 盘中的"陈百强"子文件夹

又如,需要将上述这个 U 盘的"陈百强"文件夹中包含的所有文件,都复制到树莓派的默认文件夹/home/pi 中,复制的方法很简单,具体的操作步骤如下。

首先,在如图 5-12 所示的文件管理器窗口中,单击左侧的/media/pi/6AD4-8D7F 文件夹名称,会回到上一层文件夹,屏幕上会出现如图 5-13 所示的 U 盘文件夹清单。

接着,将鼠标指针移动到名为"陈百强"的文件夹图标处右击,会弹出如图 5-14 所示的快捷菜单,选择"复制命令"。

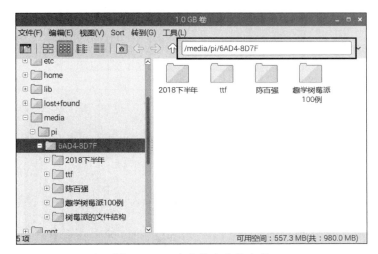

图 5-13　U 盘文件夹中的文件　　　　　　图 5-14　指定需要复制的文件夹

然后,在文件管理器窗口中打开/home/pi/Music 文件夹,并且将鼠标指针移动到文件管理器窗口右边的空白位置。

最后,如图 5-15 所示右击,在弹出的快捷菜单中单击"粘贴",树莓派会将"陈百强"文件夹及其中的所有文件复制到/home/pi/Music 文件夹中。整个过程大约需要花费几分钟时间。

在整个复制过程完成后,在/home/pi/Music 文件夹中会多一个名为"陈百强"的文件夹,并且其中包含了原来放在 U 盘相应的文件夹中的所有 mp3 文件。(注:原来存放在 U 盘中的"陈百强"文件夹依旧保留)

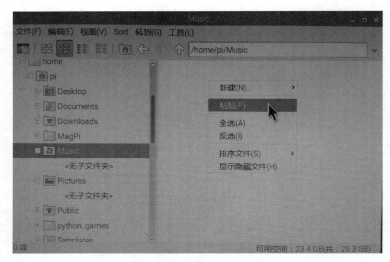

图 5-15 "粘贴"文件夹

## 实例 24 树莓派的桌面偏好设置

### 1. 设置树莓派的桌面图片

在 2017 年以后发行的树莓派 Raspbian 系统中,默认的桌面图片是一张夕阳照耀下的高速公路的照片,如图 5-16 所示。

图 5-16 树莓派 Raspbian 系统默认的桌面图片

可以根据喜好来设置自己的桌面图片。例如,在本例中,假定要把桌面图片设置为荷花,其具体的操作步骤如下。

首先,如图 5-17 所示,在网页浏览器中打开百度网站的图片搜索网页,网址是 http://image.baidu.com,搜索"荷花"图片。

图 5-17　搜索"荷花"图片

接着,单击网页中找到的"荷花"图片,打开该图片,然后将鼠标指针移动到图片处右击,并从弹出的快捷菜单中选择"图片另存为",屏幕上会出现"文件保存"对话框,如图 5-18 所示。

图 5-18　保存文件对话框

在对话框的左侧的树形结构中指定文件保存的文件夹名称，并在"名称"二字右边的填
空栏中填入文件名"荷花"，然后单击对话框右下角的
Save（即保存）按钮。

最后，关闭所有窗口，将鼠标指针移到桌面中央
并右击，屏幕就会出现如图 5-19 所示的桌面偏好设
置窗口。

在图 5-19 中，单击右侧的"选择文件"按钮，会弹
出如图 5-20 所示的选择桌面图片文件对话框，将桌
面图片指定为刚才从百度网站搜索并下载的存放在
名称为/home/pi/Pictures 的文件夹中的"荷花"图片
文件，然后单击 Open 按钮继续。

图 5-19 桌面偏好设置窗口

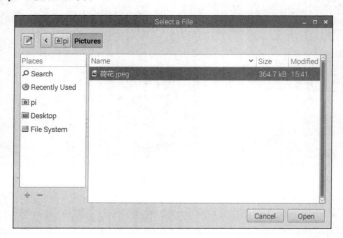

图 5-20 指定桌面图片

到这一步，就完成了树莓派的桌面图片的设置，此后，桌面图片就会变成指定的"荷花"
图片，其结果如图 5-21 所示。

图 5-21 更改后的树莓派桌面图片

**2. 设置树莓派菜单栏的位置**

在大家熟悉的 Windows 操作系统中,菜单栏的位置通常位于屏幕的最下边。类似地,也可以将树莓派的菜单栏设置到屏幕的最下边。设置的方法很简单,在桌面偏好设置窗口中单击 Menu Bar 按钮,如图 5-22 所示。

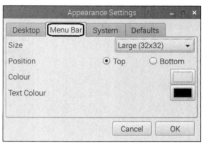

接着,单击图 5-22 中的 Bottom(即底部)前面的小圆圈,会将树莓派的菜单栏设置到屏幕的最下边。

如果单击图 5-22 中的 Top(即顶部)前面的小圆圈,则会将树莓派的菜单栏设置到屏幕的最上边。

图 5-22 设置菜单栏的位置

**3. 设置树莓派鼠标指针的大小**

如图 5-23 所示,在桌面偏好设置窗口中单击 System 按钮,接着,单击 Mouse Cursor 右边的下拉菜单,即可选择鼠标指针的大小。

**4. 设置屏幕的分辨率**

如图 5-24 所示,在桌面偏好设置窗口中单击 Defaults 按钮,接着,单击右侧的 3 个 Set Defaults 按钮之一,就可以设置屏幕的分辨率为大屏幕、中屏幕或者小屏幕。

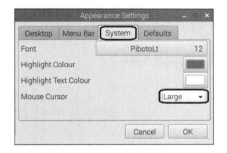

图 5-23 设置鼠标指针的大小

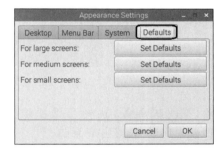

图 5-24 设置屏幕分辨率

# 实例 25 复制树莓派的 MicroSD 卡

由于用户操作不当,有时可能会损坏树莓派 MicroSD 卡中的文件,甚至会导致树莓派的 Raspbian 系统不能正常启动。

为了防止发生这种情况,可以使用 Raspbian 系统自带的备份工具来把整个 MicroSD 卡中的所有文件复制到 U 盘中。

如图 5-25 所示,首先在树莓派的某个 USB 接口中插入一个格式化过的 U 盘,接着,单击树莓派主菜单中的"附件"→"SD Card Copier",会出现如图 5-26 的 SD 卡复制程序的窗口。

在本例中,指定将名称为"SD16G(/dev/mmcblk0)"的设备(即 MicroSD 卡)中的所有文件复制到名称为 Kingston DataTraveler G3(/dev/sda)的设备(即 U 盘)中,并在 New Partition UUIDs 前面打上钩,然后,单击 Start 按钮,即可开始复制。大约经过 10min,就会完成整个复制过程。

图 5-25　启动 SD 卡复制程序

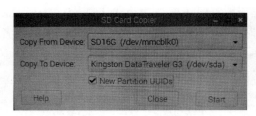

图 5-26　SD 卡复制程序的工作界面

　　此后,关闭树莓派,从树莓派中取下 MicroSD 卡,插入 U 盘,即可用 U 盘来替代 MicroSD 卡来启动 Raspbian 系统。

# 第 6 章

# 树莓派的办公应用

## 实例 26　使用 LibreOffice Writer 编辑办公文档

如前所述,树莓派虽然体积小,却是一台真正的计算机,它不仅可以用于上网,也可以用于办公、编程和应用项目开发。

在本章中,将介绍树莓派系统自带的办公软件 LibreOffice。

LibreOffice 是一款功能强大的办公软件,包含了 Writer、Calc、Impress、Draw、Base 以及 Math 等组件,可用于处理文本文档、电子表格、演示文稿、绘图以及公式编辑等。

LibreOffice Writer 是与微软公司的 Word 兼容的且免费的文字处理软件。

如图 6-1 所示,单击树莓派的主菜单中的"办公"→"LibreOffice Writer",即可启动 LibreOffice Writer 文字处理软件。

启动 LibreOffice Writer 后,会出现如图 6-2 所示的工作界面。

从图 6-2 中可以看出,LibreOffice Writer 的工作界面与微软的办公软件 Word 很相似,窗口的第 1 行是标题栏,用于显示当前编辑的文件名;第 2 行是菜单栏,用于选择各种菜单项目;第 3 行是工具按钮栏,包含常用的工具按钮;第 4 行为状态栏,用于显示当前编辑的文字的状态;第 5 行是边界栏,用于指定当前编辑页面的边界;第 5 行以下的较大的空白区域是正文区,用于输入和编辑正文。

图 6-1　启动 LibreOffice Writer

如图 6-3 所示,LibreOffice Writer 的菜单栏包括 File(文件)、Edit(编辑)、View(视图)、Insert(插入)、Format(格式)、Styles(样式)、Table(表格)、Tools(工具)、Window(窗口)和 Help(帮助)等菜单。

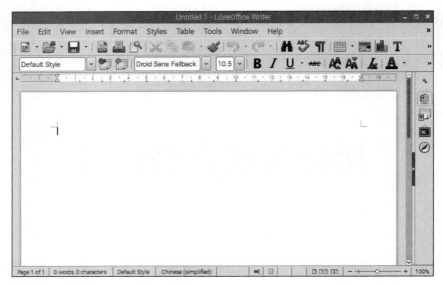

图 6-2　LibreOffice Writer 的工作界面

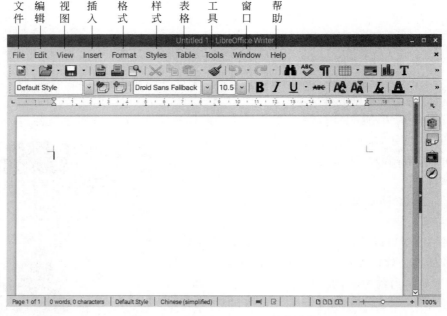

图 6-3　LibreOffice Writer 的菜单栏

如图 6-4 所示，LibreOffice Writer 的工具栏包括"新建文件""打开文件""保存文件""保存 PDF 文件"等按钮。

下面，以编辑一个课程表为例，简要地介绍 LibreOffice Writer 的使用方法。

第 1 步，输入课程表的标题"×××学院 2017 计算机专业 1 班课程表"，如图 6-5 所示。

第 2 步，从标题的第 1 个字开始拖曳鼠标，直到标题的最后一个字，即用鼠标选定整个标题，然后单击图 6-6 中所示的"指定字体大小"按钮，将字体大小设置为 18。

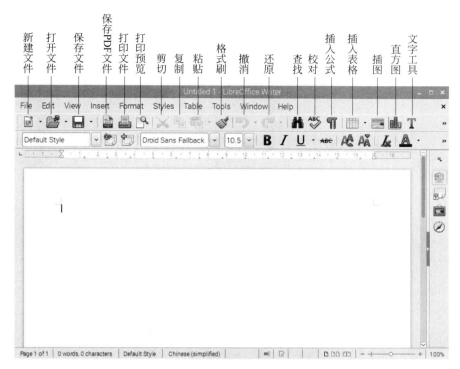

图 6-4 LibreOffice Writer 的工具栏

图 6-5 输入课程表的标题

第 3 步，单击菜单栏中的 Table（表格）→Insert Table（插入表格），打开"插入表格"窗口，如图 6-7 所示。

第 4 步，在 Columns（列数）处填入 8，在 Rows（行数）处填入 6，即要插入一个"6 行×8 列"的表格，用于填写课程表的具体内容。

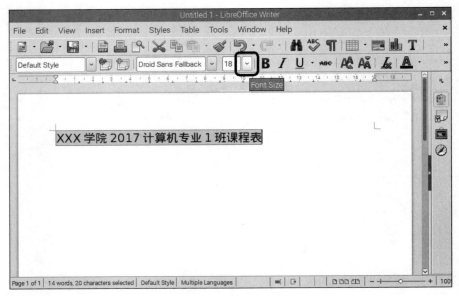

图 6-6　设置标题的字体大小

图 6-7　插入表格

第 5 步,此时,屏幕上会显示如图 6-8 所示的空白表格。填写具体内容后会得到如图 6-9 所示的完整的表格。

第 6 步,保存文件。在这里,假定需要将编辑好的课程表保存到树莓派的/home/pi/ Libreoffice Writer 文件夹中,则在工具栏中单击"保存文件"按钮,然后在 Name 处填写文件名"课程表",在 Save in folder 处指定保存的文件夹,然后单击 Save 按钮即可保存课程表文件,如图 6-10 所示。

此时,在/home/pi/Libreoffice Writer 文件夹中,就已经保存了名称为"课程表"的文件。

图 6-8　空白的课程表

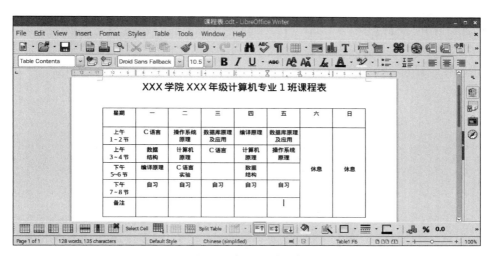

图 6-9　完整的课程表

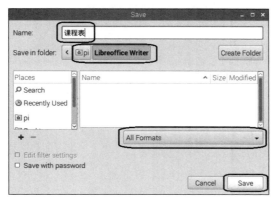

图 6-10　保存"课程表"文件

请注意,如果需要将文件保存为与微软公司的 Word 兼容的文件格式,单击图 6-10 中的 All Formats 按钮,并将保存的文件格式指定为 Microsoft Word 2007-2013 XML(.docx)格式,然后再单击 Save 按钮来保存文件。

## 实例 27　使用 LibreOffice Calc 编辑电子表格

Calc 是树莓派 Raspbian 系统中自带的 LibreOffice 中的免费的电子表格软件,并且与微软公司的 Excel 电子表格软件兼容。可以在 LibreOffice Calc 中输入数据,然后根据这些数据进行计算,产生某些统计结果。

LibreOffice Calc 电子表格软件的特点如下。

- 函数:可以提供公式及函数对数据进行复杂的运算。
- 数据库函数:排列、储存、过滤数据。
- 动态的图表:含有多种 2D 或者 3D 图表。
- 宏:记录及完成重复的任务。
- 可以打开、编辑及保存 Microsoft Excel 电子表格。
- 以多种格式导入和导出电子表格文件,包括 HTML、CSV、PDF 和 PostScript 等。

如图 6-11 所示,单击树莓派主菜单中的"办公"→"LibreOffice Calc",即可启动 LibreOffice Calc 电子表格软件。LibreOffice Calc 的工作界面如图 6-12 所示。

图 6-11　启动 LibreOffice Calc 电子表格软件

下面,以编辑一个水果购物统计表为例,简要地介绍 LibreOffice Calc 电子表格软件的使用方法。

首先,如图 6-13 所示,分别输入水果购物统计表中的"商品名称""单位""单价"和"数量"等原始数据。

接着,如图 6-14 所示,单击表格中的 E2 单元格,并在等号"="右边的填空栏中填入"苹果"金额的计算公式"=C2 * D2",然后按一下 Enter 键。在这里,C2 是指第 2 行第 C 列的单元格,D2 是指第 2 行第 D 列的单元格,"*"是数学四则运算中的乘号,即"苹果"金额等于单价乘以数量,E2 单元格会自动按公式计算并显示结果。

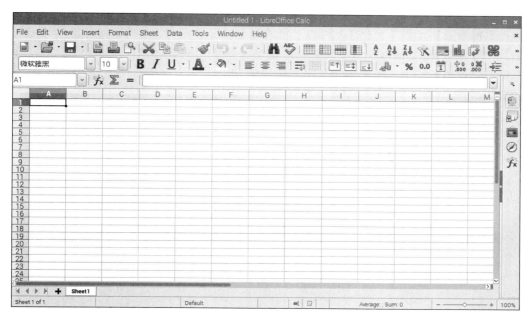

图 6-12 LibreOffice Calc 的工作界面

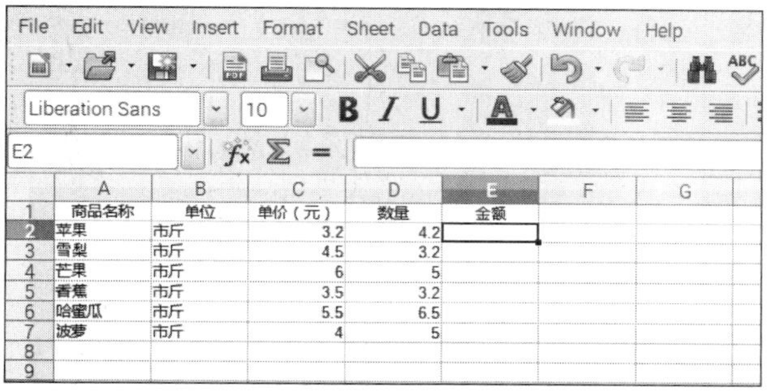

图 6-13 输入水果购物统计表中的原始数据

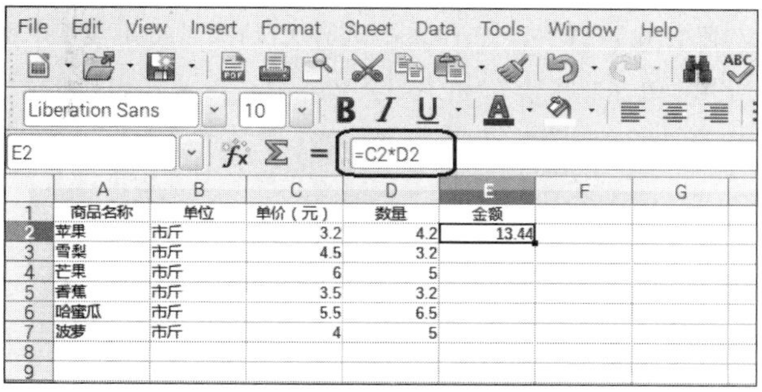

图 6-14 输入苹果金额的计算公式

同理,继续在 E3、E4、E5、E6 和 E7 等单元格中输入其余各种水果金额的计算公式,即 E3 单元格的计算公式为"＝C3 ∗ D3",E4 单元格的计算公式为"＝C4 ∗ D4",以此类推。

在这里，要输入与 E2 单元格同类的 E3～E7 金额的计算公式，还有一个更快捷的方法，就是把鼠标指针移动到单元格 E2 的右下角的黑色小正方形处，使鼠标指针符号变成黑色的小"＋"号，然后按住鼠标左键不放并向下拖动直到单元格 E7 处，则从 E3～E7 各个金额的计算公式就填写好了。这个方法是不是更快捷方便？

最后，还需要在 E9 单元格定义一个计算总金额的公式，操作步骤是单击一下 E9 单元格，然后在图 6-15 中所示的等号"＝"右边的填空栏填入计算公式"＝SUM(E2:E7)"，并按一下 Enter 键，即可自动计算总金额。

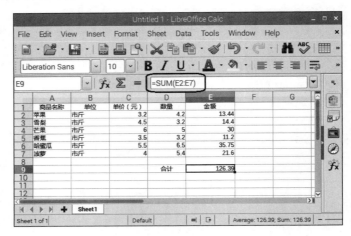

图 6-15　输入总金额的计算公式

当需要修改 LibreOffice Calc 电子表格中的部分数据时，只要直接修改这些数据即可，电子表格软件会根据计算公式自动重新计算各个相关的金额。这个电子表格软件是不是很聪明？

## 实例 28　使用 LibreOffice Impress 编辑幻灯片

LibreOffice Impress 是与微软公司的 PowerPoint 兼容且免费的幻灯片设计软件。在本例中，简要地介绍使用 LibreOffice Impress 创建幻灯片（演示文稿）的操作步骤。

首先，如图 6-16 所示，单击"办公"→LibreOffice Impress，启动这个软件。

图 6-16　启动 LibreOffice Impress 幻灯片设计软件

接着,屏幕上会出现如图 6-17 所示的 LibreOffice Impress 的工作界面。

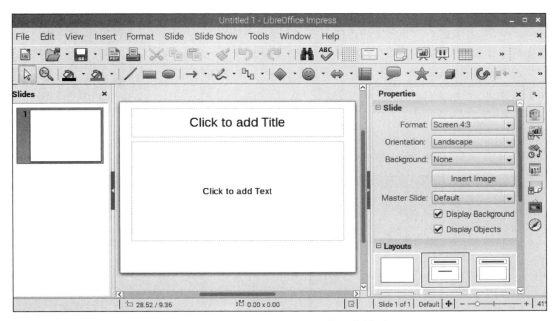

图 6-17 LibreOffice Impress 的工作界面

接着,按照提示在第 1 张幻灯片中的 Click to add Title(单击并添加标题)处添加标题"树莓派简介",并在 Click to add Text 处添加正文,如图 6-18 所示。

图 6-18 编辑第 1 张幻灯片

编辑好第 1 张幻灯片后,将鼠标指针移动到左侧 Slides 栏的第 1 张幻灯片处,右击,从弹出的快捷菜单中单击 New Slide,可添加 1 张新幻灯片,如图 6-19 所示。

编辑幻灯片时,除了输入文字以外,也可以插入图片,例如,
要在第 2 张幻灯片中添加一张树莓派电路板正面的照片,可以单
击如图 6-20 中黑色小方框所示的"插入图片"图标,然后在文件
管理器中指定相应的照片即可插入图片,结果如图 6-21 所示。

此外,还可以给幻灯片中的标题、文字或图片等设置动画
效果。例如,要设置第 1 张幻灯片标题和正文的动画效果,具
体步骤如图 6-22 所示。

图 6-19　添加 1 张新的幻灯片

第 1 步,单击图 6-22 最右边的 🖼 "自定义动画"按钮,使屏
幕的右边出现 Custom Animation(自定义动画)对话框。

图 6-20　在幻灯片中插入图片

图 6-21　在幻灯片中插入图片后的画面

第 2 步,单击图 6-22 中间的幻灯片的标题。

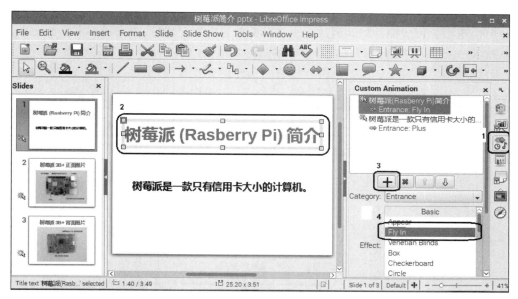

图 6-22 设置第 1 张幻灯片标题的动画效果

第 3 步,单击图 6-22 右边的 Custom Animation 对话框中的加号"＋"。

第 4 步,单击选择图 6-22 右边的 Custom Animation 对话框中的 Effect(效果)栏中的某一种效果,在本例中选择 Plus。

设置正文的动画效果的具体步骤分为以下 3 步,如图 6-23 所示。

图 6-23 设置第 1 张幻灯片正文的动画效果

第 1 步,单击幻灯片的正文。

第 2 步,单击图 6-22 右边的 Custom Animation 对话框中的加号"＋"。

第 3 步,用鼠标选择 Effect(效果)栏中的某一种效果,在本例中,将正文的动画效果设置为 Plus(添加)。

同理,也可以设置图片的动画效果。当动画效果设置完成后,单击屏幕右上方的工具栏中的 "播放幻灯片"按钮,即可查看实际的幻灯片播放效果。

最后,单击工具栏中的"保存文件"按钮,打开"保存文件"对话框,如图 6-24 所示。

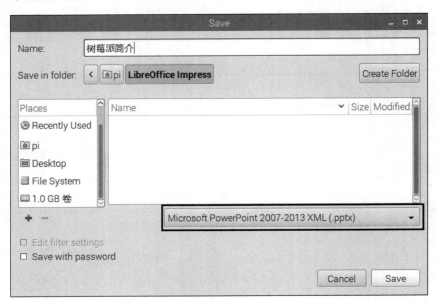

图 6-24　保存幻灯片文件

在图 6-24 所示的对话框中,如果要将幻灯片文件的格式保存为与微软公司的幻灯片软件 PowerPoint 兼容的格式,那么需将幻灯片的文件格式设置为 Microsoft PowerPoint 2007-2013(.pptx)。

在对话框中填入文件名,并且指定了文件保存的位置后,单击 Save(保存)按钮即可保存文件。

## 实例 29　使用 LibreOffice Draw 绘制流程图

LibreOffice Draw 与微软公司的 Visio 绘图软件相似,是一个矢量图形绘制程序,同时也可对一些栅格图像(点阵)进行操作。通过 Draw,用户可快速创建多种图形。

与用点阵(屏幕上的点)表示的栅格图不同,在矢量图中,图像的内容以简单的几何元素(如直线、圆和多边形)进行存储和显示。矢量图像易于存储,在显示时也方便对图像进行拉伸。

Draw 已经被完整地集成到 LibreOffice 办公套件中,这样就可在套件的不同组件之间方便地交换图像。例如,如果用户在 Draw 中创建了一幅图片,只需复制粘贴即可在 Writer 中重用这幅图片。用户也可通过 Draw 的子功能和工具在 Writer 或 Impress 中直接使用绘图功能。

下面，以绘制"解一元二次方程"的流程图为例介绍 LibreOffice Draw 的使用方法。

第 1 步，如图 6-25 所示，单击树莓派的菜单中的"办公"→LibreOffice Draw 启动绘图软件。

图 6-25　启动 LibreOffice Draw 绘图软件

第 2 步，启动 LibreOffice Draw 之后进入新建空白图形的工作界面，如图 6-26 所示。

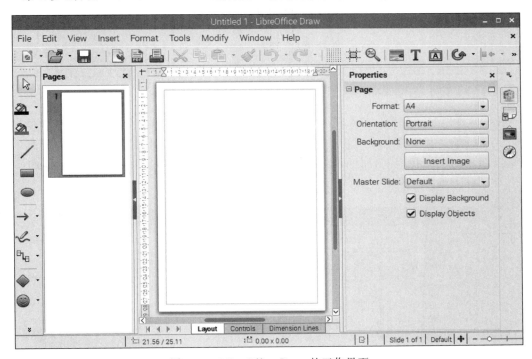

图 6-26　LibreOffice Draw 的工作界面

第 3 步，在图 6-26 中，左侧的工具栏有许多工具图标，如"颜料桶"图标可用于填充图形。此外，还有"直线""长方形""椭圆""箭头""铅笔""连接符号""菱形"和"笑脸"等各种作图工具图标，这些作图工具图标适用于绘制图形。

第 4 步，在图 6-26 所示的左侧的工具栏中选择适当的作图工具，绘制流程图。

第 5 步，绘图时，在中间的绘图区域拖曳鼠标，即可新建图形。如果需要在图形中间输入文字信息，可以双击该图形然后输入文字。绘制好的"解一元二次方程"的流程图如

图 6-27 所示,其中,左侧是缩略图,中间是绘制好的流程图。

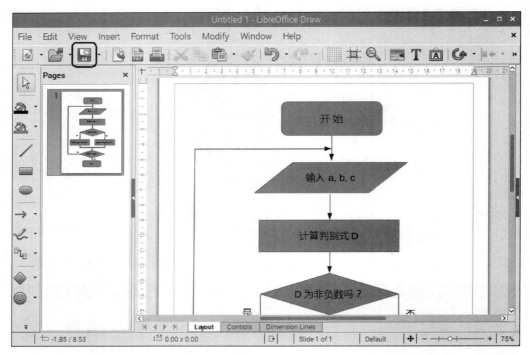

图 6-27 绘制流程图

第 6 步,保存绘制好的流程图文件。单击图 6-27 中所示的小磁盘图形按钮,弹出如图 6-28 所示的保存文件对话框,在 Name 右侧的填空栏填写文件名"解一元二次方程",并在 Save in folder 处指定文件保存的位置/home/Pi/Draw 文件夹,并且单击右下角的 Save 按钮,即可保存绘图文件。

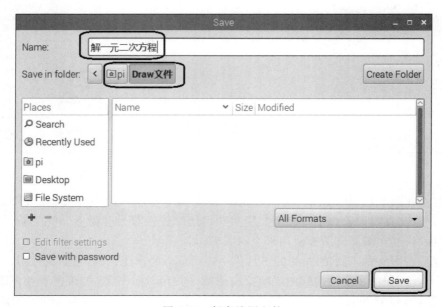

图 6-28 保存绘图文件

## 实例 30　使用 LibreOffice Math 编辑数学公式

在 Windows 操作系统中的文本处理软件 Word 中，常常使用公式编辑器来编辑数学公式。如果想在树莓派上编辑包含公式的文档，自然就少不了树莓派下的公式编辑工具。这里介绍 LibreOffice Math 公式编辑器的使用方法，利用它可以完成各种公式编辑的工作。

在编辑公式时，LibreOffice Math 提供了大量运算符、函数和格式的符号，这些符号清楚地排列在左侧的选择窗口中，只要单击这些运算符号，就可以将它们插入在公式编辑区域中。

在这里，我们以编辑一个"求一元二次方程的实数根"的数学公式为例，简要地介绍 LibreOffice Math 公式编辑器的使用方法。

如图 6-29 所示，在树莓派的菜单中单击"办公"→ LibreOffice Math，即可启动 LibreOffice Math 公式编辑器软件。

启动后，LibreOffice Math 公式编辑器软件的工作界面如图 6-30 所示。

在图 6-30 中，第 1 行是标题栏，用于显示当前正在编辑的数学公式的文件的名称。

第 2 行是菜单栏，包含了 File（文件）、Edit（编辑）、View（视图）、Format（格式）、Tools（工具）、Window（窗口）、Help（帮助）等子菜单。

第 3 行是工具按钮栏，包含了"新建""打开""保存""发送邮件""保存为 PDF 文件""打印"等常用工具按钮。

图 6-29　启动公式编辑器

第 4 行是符号选择栏，单击这里的下拉菜单，可以选择各种不同类型的数学符号。这些类型分别是 Unary/Binary Operators（四则运算符）、Relations（关系式）、Functions（函数）、Operators（极限与求和运算符）、Set Operations（集合运算符）、Brackets（矩阵与行列式）、Formats（上标与下标）、Attributes（正上方符号）和 Others（其他符号）。

在图 6-30 的左侧，显示了当前类型的各种数学符号。例如，当前的"函数"类型的数学符号包括"绝对值""阶乘""平方根""n 次方根""乘方""自然指数""自然对数""十进制对数""正弦""余弦""正切""余切"等函数。

在图 6-30 右上方的大范围的空白区域，是当前正在编辑的公式显示区域。

在图 6-30 右下方的区域，是当前正在编辑的公式对应的计算机语言格式的显示区域。在计算机语言中，数学公式并不会分为多行，而是以单独一行的格式来表示的。在这里，闪动着的短横线的光标，用来表示公式中相应的符号的位置。换句话说，只要改变这里的短横线的光标的位置，就可以修改右上方的公式中对应位置的符号。

编辑好的"求一元二次方程的实数根"的数学公式如图 6-31 所示。最后，单击图 6-31 中所示的"保存文件"按钮，即可打开如图 6-32 所示的"保存文件"对话框。

如果需要将编辑好的公式插入到 LibreOffice Writer 文档中，方法也很简单，可以用复

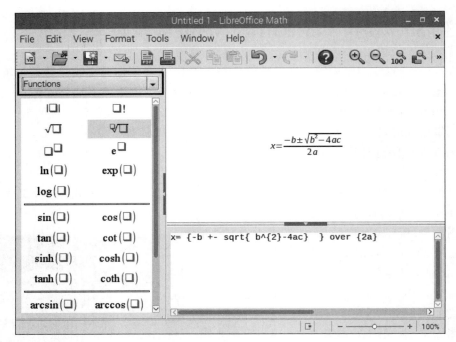

图 6-30　公式编辑器的工作界面

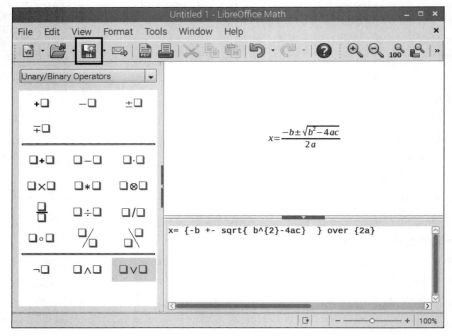

图 6-31　编辑好的"求一元二次方程的实数根"公式

制和粘贴的方法来实现,具体的步骤如下。

　　首先,同时打开 LibreOffice Math 公式文件和 LibreOffice Writer 文字处理文件。

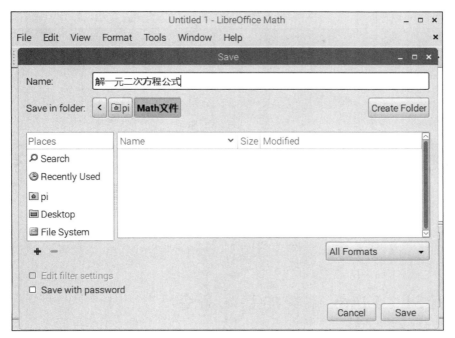

图 6-32　"保存文件"对话框

接着,在 LibreOffice Math 的工作窗口中,用鼠标左键拖曳选择 LibreOffice Math 编辑窗口右上方的编辑好的整个公式,并按键盘中的 Ctrl+C 组合键,把公式复制到剪贴板中。

然后,在 LibreOffice Writer 的工作窗口中,单击指定需要插入公式的位置,并按键盘中的 Ctrl+V 组合键,即可把公式从剪贴板中粘贴到 LibreOffice Writer 文档中。

# 第 7 章

# 用树莓派学习Linux系统的常用命令

## 实例 31　Linux 系统的基本命令

在本书的第 5 章，已经介绍了在树莓派的桌面环境下进行文件管理的方法。除此以外，还有一种更直接的方式可以与树莓派互动，这种方式就是在"LX 终端"窗口中直接使用 Linux 命令。

单击树莓派主菜单中的 ▣ 按钮，可以进入树莓派的黑色背景窗口的 LX 终端的工作界面，并使用 Linux 命令，如图 7-1 所示。

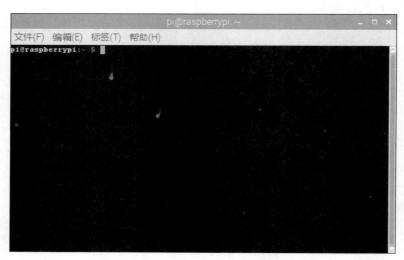

图 7-1　树莓派的命令行工作界面

### 1. clear 命令

clear 命令是一个常用的 Linux 命令，它的作用是清除屏幕，即把屏幕上所有字符清除干净，回到如图 7-1 所示的初始状态。

**2. ls 命令**

ls 命令是在 Linux 系统中使用率较高的命令,用来显示当前文件夹中的文件和文件夹清单。ls 命令的输出信息用彩色进行加亮显示,以区分不同类型的文件。

执行不带任何参数的 ls 命令,树莓派会按英文字母的顺序并且以分列的方式显示当前文件夹中的所有文件和文件夹,ls 命令的执行结果如图 7-2 所示。

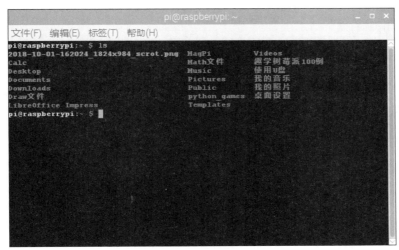

图 7-2　以简要的方式显示当前文件夹中的文件和文件夹

执行"ls -l"命令,树莓派会以详细的方式显示当前文件夹中的文件和文件夹清单,"ls -l"命令的执行结果如图 7-3 所示。

图 7-3　以详细的方式显示当前文件夹中的文件和文件夹

在图 7-3 中,输出结果分为 7 列。每 1 列的含义分别说明如下。

第 1 列为文件或文件夹的属性。文件属性共有 10 个字符,其中第 1 个字符表示文件的类型,后面的 9 个字符表示文件的访问权限。

第 1 列的第 1 个字符为"-"时表示纯文本文件,第 1 个字符为 d 时表示文件夹。

第1列的后面9个字符又分为3组,其中,第1组的3个字符代表文件所有者的访问权限,第2组的3个字符代表文件所在组的访问权限,第3组的3个字符代表其他用户的访问权限。字符 r 代表读(Read)权限,字符 w 代表写(Write)权限,字符 x 代表执行(Execute)权限,如果没有该权限,则用连接符"－"表示。

第2列为文件或文件夹的硬链接数。

第3列为文件或文件夹的所有者。在通常情况下,文件或者文件夹的创建者就是这个文件或文件夹的所有者。

第4列为文件或文件夹的所属组。在通常情况下,创建者所在的主组就是这个文件或者文件夹默认的所属组。

第5列为文件和文件夹的大小。在默认情况下,以字节(Byte)为单位显示。

第6列为文件的创建的时间,其格式为"月　日　时:分"。例如,"9 月　26 15:47"表示文件的创建时间为当年的 9 月 26 日 15 时 47 分。

第7列为文件名或文件夹名。

**3. nano 命令**

在树莓派 Raspbian 系统的桌面环境中,可以单击主菜单中的"附件"→Text Editor 来启动文本编辑器软件,用来编辑文本文件。

而在 LX 终端中,可以使用 nano 命令来编辑文本文件。在本例中,如果输入"nano demo.txt"命令,则屏幕上会出现如图 7-4 所示的工作界面。

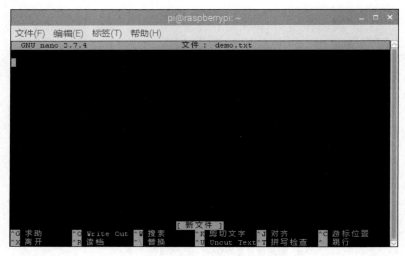

图 7-4　nano 命令的工作界面

在图 7-4 所示的窗口中,第 1 行是当前使用的文件夹,在本例中为"pi@raspberrypi:～";第 2 行是菜单栏,包括"文件""编辑""标签"和"帮助"等子菜单;第 3 行的前面是 nano 的版本信息,中间是当前编辑的文件名。

在图 7-4 中,中间的大范围黑色区域是正文编辑区域,用于输入和编辑正文的具体内容。

在图 7-4 的最后两行,是 nano 快捷键的提示区域,给出了 nano 的快捷键及说明。例如,"^G"(Ctrl＋G 组合键)为"求助","^O"(Ctrl＋O 组合键)为"Write Out"(即保存文件),

"^X"(Ctrl＋X 组合键)为"离开"等。

接着,在正文编辑区域输入和修改正文的内容。当编辑好正文后,按 Ctrl＋O 组合键来保存文件,此时,屏幕上会出现如图 7-5 所示的画面。

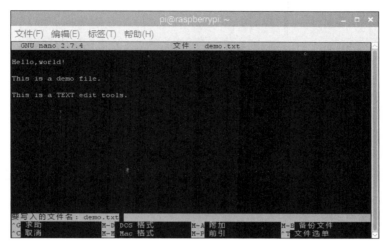

图 7-5　在 nano 的编辑窗口中保存文件

在图 7-5 中的倒数第 3 行,提问要写入的文件名。此时,如果不需要修改原来的文件名demo. txt,直接按 Enter 键来保存; 如果需要修改文件名,填写新的文件名,然后再按 Enter键即可保存。

**4. cat 命令**

cat 命令是 Linux 下的一个文本输出命令,通常是用于查看某个文本文件的内容。

例如,要查看刚才保存的文本文件 demo. txt 的内容,可以使用"cat demo. txt"命令。

当使用 cat 命令查看某个文本文件的内容时,为了区分不同的行,还可以加上选项"-n",即使用"cat demo. txt -n"命令,此时,会在所显示的每一行信息前面自动添加上行号,该命令的执行结果如图 7-6 所示。

图 7-6　查看文本文件 demo. txt 的内容

**5. help 命令**

help 命令是 Linux 的帮助命令，简要地给出 Linux 各种命令的格式，如图 7-7 所示。

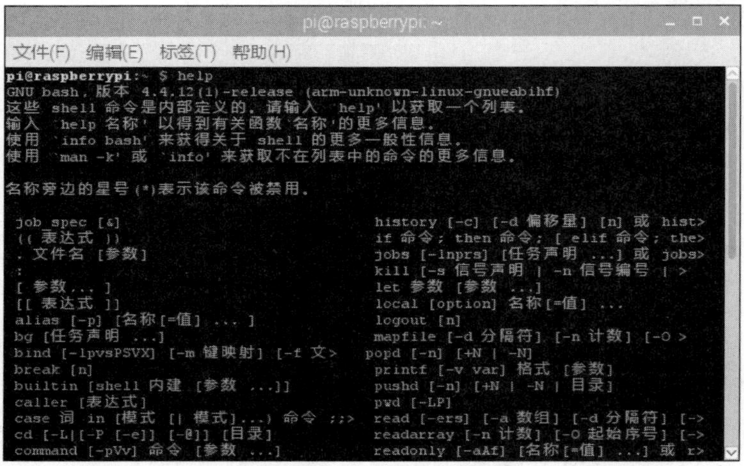

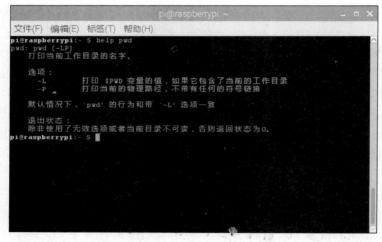

图 7-7　帮助命令的执行结果

而"help 命令名"命令可以解释指定的 Linux 命令，例如"help pwd"可以解释 pwd 命令的作用，其执行的结果如图 7-8 所示。

图 7-8　"help pwd"命令的执行结果

# 实例 32　Linux 系统的文件管理命令

在树莓派 LX 终端的工作界面中，可以使用 pwd、mkdir、cd、mv、cp、rm 等命令来管理文件。

**1. pwd**

pwd（Print Working Directory，显示整个路径名）命令的缩写，其功能是显示当前所在工作文件夹的完整路径。该命令的示例如图 7-9 所示，在本例中，当前所在工作文件夹的完整路径为/home/pi。

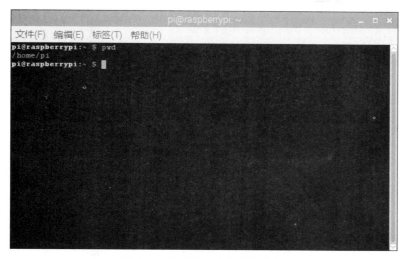

图 7-9　显示当前文件夹的路径

**2. mkdir 目录**

mkdir(make directory,创建目录)命令的作用是在当前文件夹的路径上建立新的目录,该命令的示例如图 7-10 所示,在本例中,用"mkdir test"命令建立了一个名称为 test 的目录。

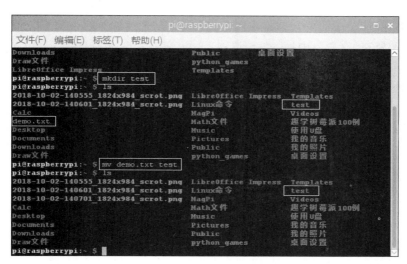

图 7-10　建立新的文件夹

**3. cd 文件夹**

cd(change directory,切换目录)命令的作用是切换默认目录,例如"cd /home/pi/music"命令的作用是将默认的目录切换为/home/pi/music。

**4. mv 源文件 目标文件**

mv(move,移动)命令的作用是将源文件移动到目标文件夹处。该命令的示例如图 7-10 所示,在本例中,用"mv demo.txt test"命令将默认文件夹中的 demo.txt 文件移动到 test 文件夹中,文件移动后的结果如图 7-11 所示。

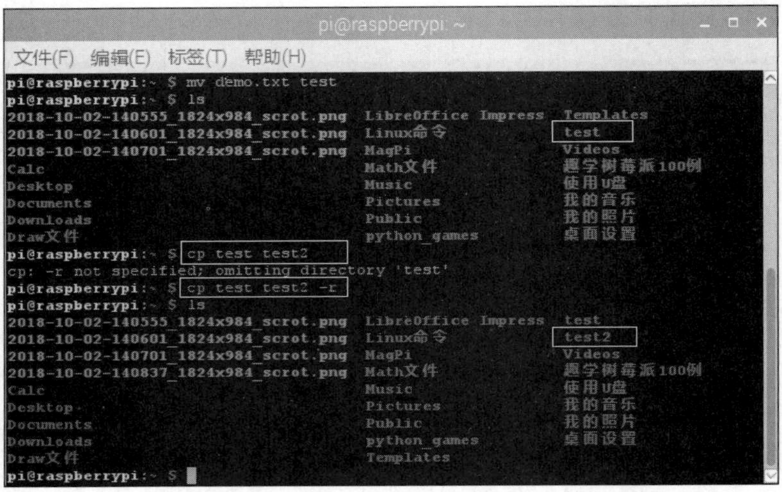

图 7-11　demo.txt 文件移动后的结果

### 5．cp 源文件 目标文件

cp(copy,复制)命令的作用是将源文件复制到目标文件处。例如,使用"cp test test2"命令将源文件 test 复制到目标文件 test2,其结果如图 7-11 所示。

但是,在图 7-11 中,执行"cp test test2"命令时出现错误,原因是 cp 命令默认情况下只能复制单个文件,而这里的 test 并不是单个文件,而是一个文件夹。

在这里,需要在 cp 命令中加上"-r"选项,这样,就可以复制文件夹了。正确的文件夹复制命令是"cp test test2 -r",其执行结果如图 7-11 所示。

### 6．rm 文件

rm(remove,删除)命令的作用是删除文件或文件夹。

例如,在图 7-10 中,使用"rm ＊.png"命令可以将所有扩展名为.png 的图像文件删除,其执行结果如图 7-12 所示。

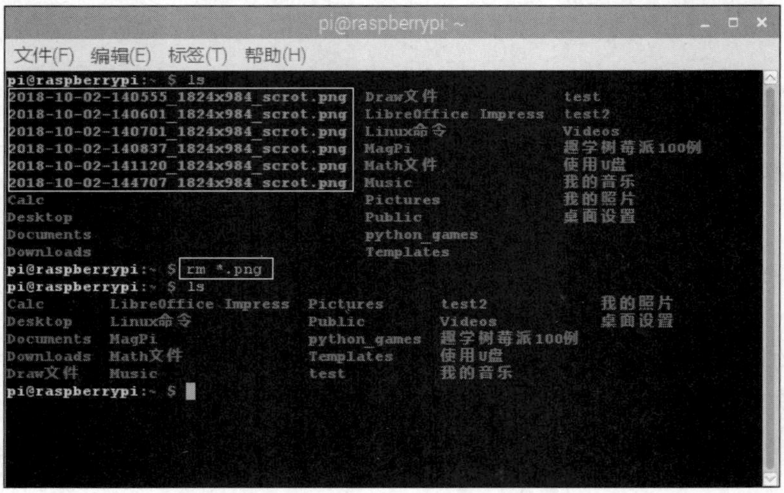

图 7-12　删除所有扩展名为.png 的图像文件

在本例中,星号"*"是一个 Linux 命令的通配符,表示多个字符,所以 *.png 表示所有扩展名为.png 的图像文件。

请注意,"rm 文件"命令只能用于删除文件,并不能直接用于删除文件夹,否则执行时会出现错误。如果要删除文件夹,就要在 rm 命令后面加上"-r"选项,这样才能删除文件夹。例如,删除 test 文件夹的命令是"rm test -r",其执行结果如图 7-13 所示。

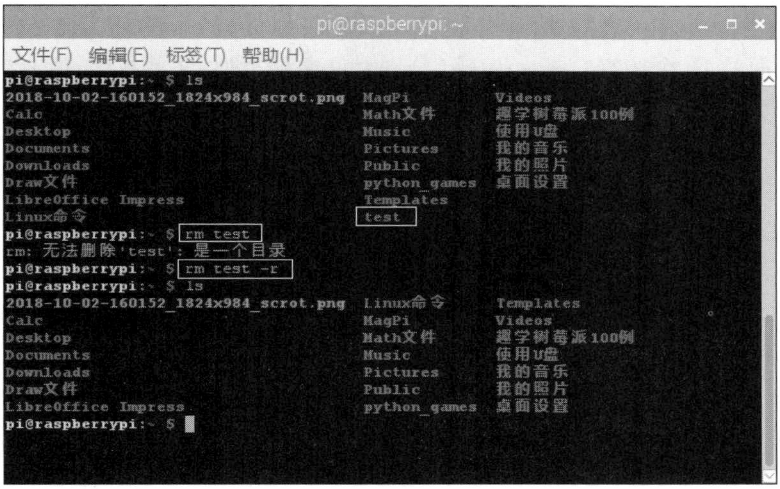

图 7-13　删除文件夹

## 实例 33　Linux 系统的权限设置命令

在树莓派的 Raspbian 系统中,默认的身份是普通用户 pi,但是 pi 的权限比较低,只能使用/home/pi 这个特定的文件夹。

如果要提高权限,可以使用"sudo-i"命令将 pi 用户身份升级为超级用户 root。root 身份的权限很大,可以任意删除某一个文件或文件夹;而要从超级用户 root 回到 pi 身份(即注销 root 身份),可以使用 exit 命令。

在 Linux 系统中,修改文件权限的命令有 chmod、chgrp 和 chown。

Linux 系统中的每个文件和文件夹都有访问许可权限,用访问许可权限来确定谁有权对文件和文件夹进行访问,以及对文件和文件夹可以采取的访问方式(读、写或删除)。

文件或文件夹的访问权限分为只读、只写和可执行三种。以文件为例,只读权限表示只允许读其内容,而禁止对其进行任何的更改操作。可执行权限表示允许将该文件作为一个程序执行。文件被创建时,文件所有者自动拥有对该文件的读、写和可执行权限,以便于对文件的阅读和修改。用户也可根据需要把访问权限设置为需要的任何组合。

有三种不同类型的用户可对文件或文件夹进行访问:文件所有者、同组用户、其他用户。所有者一般是文件的创建者。所有者可以允许同组用户有权访问文件,还可以将文件的访问权限赋予系统中的其他用户。在这种情况下,系统中每一位用户都能访问该用户拥有的文件或文件夹。

每一文件或文件夹的访问权限都分为三组,每组用三个字符表示,分别为文件创建者的读、写和执行权限；同组用户的读、写和执行权限；系统中其他用户的读、写和执行权限。当用"ls -l"命令显示文件或文件夹的详细信息时，最左边的一列为文件的访问权限。例如：

```
$ ls -l sample.txt
- rw- r-- r-- 1 root root 483997 Jul 15 17:31 sample.txt
```

横线代表空许可，r 代表只读，w 代表写，x 代表可执行。

例如：前面的 10 个字符"- rw- r-- r--"分别对应文件类型、文件权限、所有者权限和其他用户权限。

请注意："ls -l sample. txt"命令返回的信息的前面共有 10 个字符。第 1 个字符表示文件类型。在通常意义上，一个文件夹也是一个文件。如果第 1 个字符是横线"-"，表示是一个普通文件；如果是 d，表示是一个文件夹。后面 9 个字符是文件 sample. txt 的访问权限。

在本例中，这 10 个字符依次表示 sample. txt 是一个普通文件；sample. txt 的创建者有读写权限，同组用户只有读权限，其他用户也只有读权限。

确定了一个文件的访问权限后，用户可以利用 Linux 系统提供的 chmod 命令来重新设定不同的访问权限。也可以利用 chown 命令来更改某个文件或文件夹的所有者。利用 chgrp 命令来更改某个文件或文件夹的用户组。

下面分别简要地介绍这 3 个命令。

**1. chmod 命令**

chmod 命令是非常重要的，用于改变文件或文件夹的访问权限。超级用户可以用 chmod 命令来修改文件或文件夹的访问权限。

设置文件的访问权限的方法分为两种：一种是数字设定法，另一种是字母设定法。

1）数字设定法

首先，单击 ▇ 按钮打开 LX 终端。

接着，输入"sudo -i"命令，将用户的身份升级为超级用户。

在这里，假设文件 cc 存放在主文件夹中，其路径为/home/pi，并假设要设置文件 cc 的权限为 777，则只要在终端中输入"chmod 777 /home/pi/cc"命令，这个文件的权限就变成了 777；如果要设置权限的不是文件，而是文件夹，则用"chmod -r 777 /home/pc/cc"命令。

细心的读者，你一定想弄清楚命令中 777 代表什么意思？不用急，且听我慢慢解释。

设置权限的数字是一个 3 位数，第 1 位用于设置文件创建者的访问权限，第 2 位用于设置同组用户的访问权限，第 3 位用于设置其他用户的访问权限。

每 1 位数字代表不同的权限，具体的权限值含义如下。

r(Read，读取，权限值为 4)：对文件而言，具有读取文件内容的权限；对文件夹来说，具有浏览文件夹的权限。

w(Write，写入，权限值为 2)：对文件而言，具有新增、修改文件内容的权限；对文件夹来说，具有删除、移动文件夹内文件的权限。

x(eXecute，执行，权限值为 1)：对文件而言，具有执行文件的权限；而对文件夹来说，该用户具有进入文件夹的权限。

这里详细分析如何确定某1位具体数值对应的访问权限。例如,第1位表示文件所有者权限数值,当这个数值为7时,则因为 $4(r)+2(w)+1(x)=7$,所以这个7表示"rwx",即同时具有读、写和执行权限;又如,如果这个数值为6,则因为 $4(r)+2(w)+0(x)=6$,所以这个6表示"rw-",即只有读和写权限,不具有执行权限;再如,需要设置其他用户的访问权限为只读权限,即"r--",则由算式 $4+0+0=4$ 可知权限对应的数值为4。

下面继续通过3位数来确定一个文件的访问权限,具体的数字如下:

一般都是第1位数字表示文件所有者权限值,第2位数字表示同组用户权限,第3位表示其他用户权限。在这里,假设文件所有者具有读、写、执行权限;同组用户具有读权限;其他用户具有读权限,对应的字母表示为"rwx r-- r--",则对应的3位数字为744。

下面再举一些例子。

```
权限              数值
rwx   rw-   r-   764
rw-   r-    r-   644
rw-   rw-   r-   664
```

2)文字设定法

文字设定法的命令格式如下:

```
chmod  操作对象  操作符  权限  文件名
```

命令中各选项的含义如下。

操作对象可以是u、g、o和a这4个字母中的任一个或者它们的组合。

u:"用户(user)",即文件或文件夹的所有者。

g:"同组(group)用户",即与文件属主有相同组ID的所有用户。

o:"其他(others)用户"。

a:"所有(all)用户",它是系统默认值。

操作符号可以是:"+"或"-"或"="这3个符号。

+:添加某个权限。

-:取消某个权限。

=:赋予给定权限并取消其他所有权限(如果有的话)。

权限可以是r、w和x这3个字母的任意组合。

r:可读(Read)。

w:可写(Write)。

x:可执行(eXecute)。

X:只有目标文件对某些用户是可执行的或该目标文件是文件夹时才追加x属性。

s在文件执行时把进程的所有者或组ID设置为该文件的文件所有者。方式"u+s"设置文件的用户ID,"g+s"设置组ID。

t:保存程序的文本到交换设备上。

u:与文件所有者拥有一样的权限。

g:与和文件所有者同组的用户拥有一样的权限。

o：与其他用户拥有一样的权限。

-c：若该档案权限确实已经更改，才显示其更改动作。

-f：若该档案权限无法被更改也不要显示错误信息。

-v：显示权限变更的详细资料。

-R：对目前文件夹下的所有档案与子文件夹进行相同的权限变更（即以递归的方式逐个变更）。

-help：显示辅助说明。

-version：显示版本。

文件名：以空格分开的要改变权限的文件列表，支持通配符。在一个命令行中可给出多个权限方式，其间用逗号隔开。如，"chmod g＋r,o＋r example"使同组和其他用户对文件 example 有读权限。

例如，命令"chmod ug＋w,o-x text"的作用是设置文件 text 的访问权限为：

给文件所有者(u)增加写权限，与文件所有者同组的用户(g)也增加写权限，而其他用户(o)删除执行权限。

又如，以下这 3 个命令：

```
$ chmod a－x demo.txt
$ chmod －x demo.txt
$ chmod ugo－x demo.txt
```

这 3 个命令都是将文件 demo.txt 的执行权限删除，它设定的对象为所有使用者。

**2．chgrp 命令**

chgrp 命令的功能是改变文件或文件夹所属的组。其语法格式如下：

`chgrp　选项　组名　文件名`

其中，选项可以包含以下参数。

-c 或-changes：效果类似"-v"参数，但仅回报更改的部分。

-f 或-quiet 或-silent：不显示错误信息。

-h 或-no-dereference：只对符号连接的文件作修改，而不改变其他任何相关文件。

-R 或-recursive：递归处理，将指定目录下的所有文件及子文件夹一并处理。

-v 或-verbose：显示指令执行过程。

-help 在线帮助。

-reference=&lt;参考文件或目录 &gt;：把指定文件或目录的所属群组全部设成和参考文件或文件夹的所属群组相同。

-version：显示版本信息。

该命令改变指定文件所属的用户组。其中"组名"(group)可以是用户组 ID，也可以是/etc/group 文件中用户组的组名。"文件名"是以空格分开的要改变属组的文件列表，支持通配符。如果用户不是该文件的属主或超级用户，则不能改变该文件的组。

例如，命令"chgrp -R book /home/pi/book"的作用是将目录/home/pi/book/及其子目录下的所有文件所属的组设置为 book。

### 3. chown 命令

chown 命令的功能是更改某个文件或文件夹的属主和属组。这个命令也很常用。例如 root 用户把自己的一个文件拷贝给用户 yusi，为了让用户 yusi 能够存取这个文件，root 用户应该把这个文件的属主设为 yusi，否则，用户 yusi 无法存取这个文件。

chown 命令的语法格式如下：

**chown　选项　用户或组　文件**

chown 命令的功能是将指定文件的拥有者改为指定的用户或组。用户可以是用户名或用户 ID。组可以是组名或组 ID。文件是以空格分开的要改变权限的文件列表，支持通配符。

"chown"命令的各个参数说明如下。

user：新的档案拥有者的使用者 ID。

group：新的档案拥有者的使用者群体(group)。

-c：若该档案拥有者确实已经更改，才显示其更改动作。

-f：若该档案拥有者无法被更改也不要显示错误信息。

-h：只对于链接(link)进行变更，而非该 link 真正指向的档案。

-v：显示拥有者变更的详细资料。

-R：对目前文件夹下的所有档案与子文件夹进行相同的拥有者变更(即以递归的方式逐个变更)。

-help：显示辅助说明。

-version：显示版本。

例如，把文件 demo.txt 的所有者改为 friend，使用命令"chown friend demo.txt"。

又如，要把目录/demo 及其下的所有文件和子文件夹的所有者改成 john，所属组改成 users，可以使用命令"chown -R john.users /demo"。

再如：把 home 文件夹下的 qq 文件夹的所有者改为 qq 的命令是"chown qq /home/qq"，而把 home 文件夹下的 qq 文件夹下的所有子文件的所有者改为 qq 的命令是"chown -R qq /home/qq"。

## 实例 34　在树莓派上安装和卸载软件包

### 1. APT 软件包的基础知识

在树莓派上使用的软件包管理系统叫作 APT。APT 软件包包含了 Raspbian 系统所有相关的软件包，大约有 40000 个软件包可供使用。APT 通过命令行来更新软件。

APT 通过 sources 文件清单来跟踪已经安装的软件包及相应的升级，如果是想安装新的软件包，那就首先应该执行以下两个命令(注：所有安装和卸载软件包的相关命令都必须用 sudo 开头，即需要 root 超级用户的权限)：

```
sudo apt – get update      下载软件包的最新版本信息
sudo apt – get upgrade     安装升级文件
```

### 2. 安装软件包

在树莓派上安装软件包的方法很简单,只要使用以下命令即可:

sudo apt‐get install 软件包名称

例如,安装 Apache2 Web 服务器,可以运行以下命令:

sudo apt‐get install apache2

### 3. 卸载软件包

任何通过 APT 安装的软件包都可以通过以下两个命令之一来卸载:

sudo apt‐get remove 软件包名称
sudo apt‐get purge 软件包名称

例如,卸载 Apache2 Web 服务器,可以执行如下命令:

sudo apt‐get remove apache2

### 4. 卸载旧的依赖

当安装了一个软件包,可以注意到几个其他的软件包也被安装了,这就意味这个包需要其他的包来执行。这就叫依赖。但是,在移除软件包时,这些旧的依赖包仍然会留在系统。可以通过如下命令安全地删除这些旧的依赖包:

sudo apt‐get autoremove

# 实例 35　在树莓派上查看系统资源的命令

### 1. top 命令

top 命令的功能十分强大,可以动态地显示当前树莓派的各种系统资源的使用情况。top 命令的执行示例如图 7-14 所示。

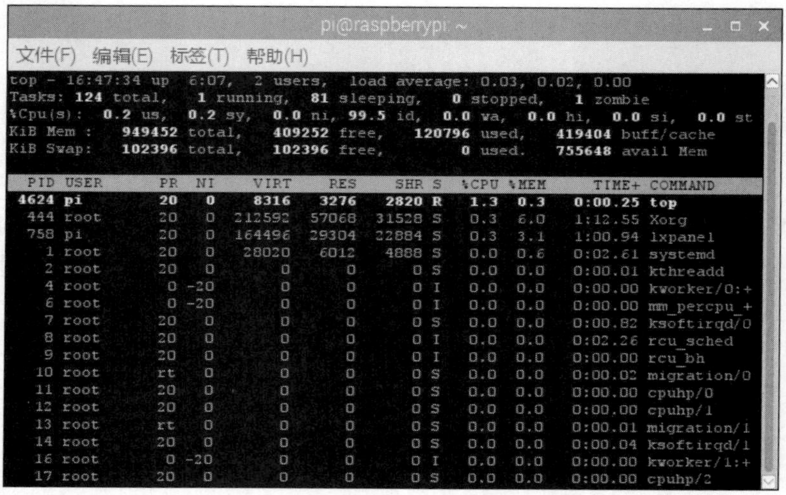

图 7-14　显示当前树莓派的各种系统资源

在图7-12中,第1行的"16:47:34"表示当前系统时间;"6:07"表示系统已经运行了6小时07分钟(在这期间没有重新启动过);"2 users"表示当前有2个用户登录系统;"loadaverage:0.03,0.02,0.00"这三个数分别是1min、5min、15min内系统的平均负载情况。load average数据是每隔5s检查一次活跃的进程数,按特定算法计算出的数值。如果这个数除以逻辑CPU的数量的结果高于5,表明系统在超负荷运转。

第2行的Tasks表示进程的总数,系统当前共有124个进程(注:包括图7-12中没有显示的进程)。其中,处于运行状态的有1个;处于休眠(sleep)状态的有81个;处于停止(stoped)状态的有0个;处于僵尸(zombie)状态的有1个。

第3行表示CPU的工作状态。其中,0.2 us表示用户空间占用CPU的百分比;0.2 sy表示内核空间占用CPU的百分比;0.0 ni表示改变过优先级的进程占用CPU的百分比;99.5 id表示空闲CPU百分比;0.0 wa表示IO等待占用CPU的百分比;0.0 hi表示硬中断(Hardware IRQ)占用CPU的百分比;0.0 si表示软中断(Software Interrupts)占用CPU的百分比。

第4行表示内存状态。其中,949452 total表示物理内存总量(9.49GB);409252 free表示空闲内存总量(4.09GB);120796 used表示正在使用中的内存总量(1.21GB);419404 Buff/cache表示缓存的内存量(4.19GB)。

第5行表示swap交换分区。其中,102396 total表示交换区总量(1.02GB);102396 free表示空闲交换区总量(1.02GB);0 used表示正在使用的交换区总量(0GB);755468avail Mem表示缓冲区平均占用容量(7.5GB)。

第6行是空行。

第7行以下表示各进程(任务)的动态监控数据。

(1) PID表示进程id;

(2) USER表示进程所有者;

(3) PR表示进程优先级,NI表示nice值,负值表示较高优先级,正值表示较低优先级;

(4) VIRT表示进程使用的虚拟内存总量,单位kb,计算公式为VIRT=SWAP+RES;

(5) RES表示进程使用的、未被换出的物理内存大小,单位kb,计算公式为RES=CODE+DATA;

(6) SHR表示共享内存大小,单位kb,S表示进程状态,其中D=不可中断的睡眠状态,R=运行,S=睡眠,T=跟踪/停止,Z=僵尸进程;

(7) %CPU表示上次更新到现在的CPU时间占用百分比;

(8) %MEM表示进程使用的物理内存百分比;TIME+表示进程使用的CPU时间总计,单位1/100秒;

(9) COMMAND表示进程的名称。

**2. lscpu命令**

lscpu命令用来查询CPU的信息,其执行结果如图7-15所示。

从图7-13中可以看出,当前使用的树莓派的CPU为4核ARMv7l处理器,CPU最大主频为1400MHz。

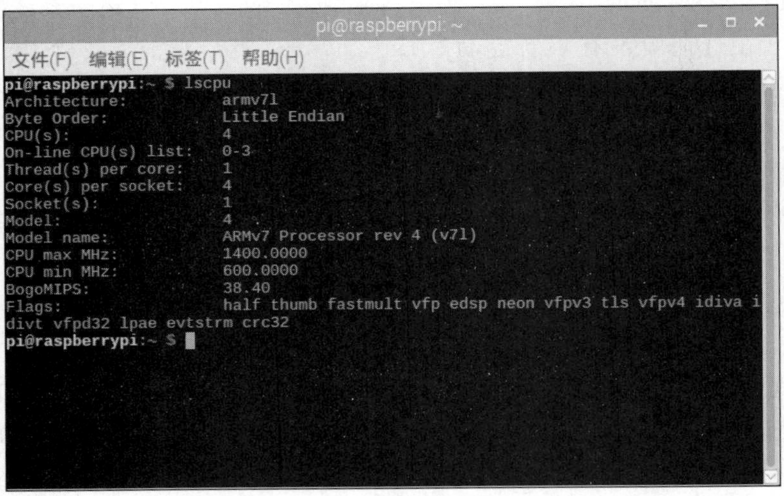

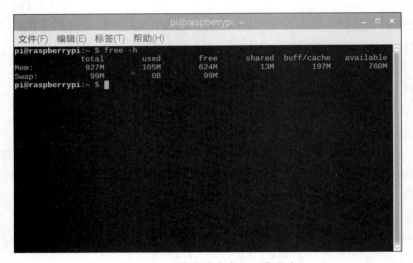

图 7-15　查询 CPU 的信息

**3. free -h 命令**

"free -h"命令以兆字节（MB）为单位显示树莓派当前内存的工作状态，执行结果如图 7-16 所示。

图 7-16　查询当前内存的工作状态

从图 7-14 可知，内存总量为 927MB，已使用的内存容量为 105MB，自由的内存容量为 624MB。

**4. sudo fdisk -l 命令**

"sudo fdisk -l"命令用于查看 MicroSD 卡的信息，这个命令的执行结果如图 7-17 所示。

从图 7-17 的倒数二、三行可以看出，整个 MicroSD 卡被分为两个分区，其中一个分区的容量为 43.2MB，这是专门用于树莓派开机启动的分区；另一个分区的容量为 29.5GB，用于储存其他程序和数据。

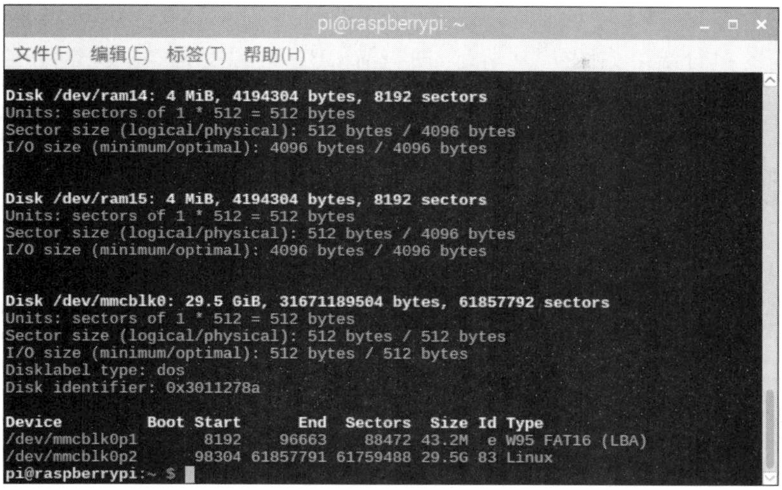

图 7-17　查看 MicroSD 卡的信息

**5．ifconfig 命令**

ifconfig 命令查询树莓派网络接口的信息，这个命令的执行结果如图 7-18 所示。

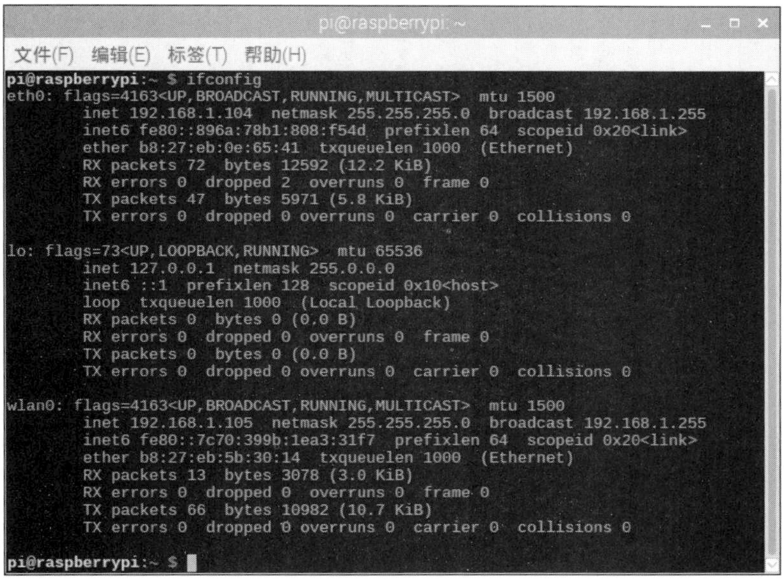

图 7-18　查询网络接口的信息

在图 7-18 中，eth0 表示以太网接口，lo 表示虚拟网络接口，而 wlan0 则表示 WiFi 接口。从图中可知，以太网接口的 IP 地址为 192.168.1.104，子网掩码为 255.255.255.0，广播地址为 192.168.1.255；WiFi 接口的 IP 地址为 192.168.1.105，子网掩码为 255.255.255.0，广播地址为 192.168.1.255。

**6．vcgencmd 命令**

Vcgencmd 命令用于查询树莓派当前 CPU 的温度，详细的命令格式如下：

```
vcgencmd measure_temp
```

这个命令的执行结果如图 7-19 所示，即当前 CPU 的温度是 56.9℃。

图 7-19　查询当前 CPU 的温度

# 第 8 章

# 远程控制树莓派

## 实例 36　认识 SSH 安全传输协议

在计算机网络中，我们可以使用 C/S(客户端/服务器)模式来实现远程控制。

如果希望通过局域网中的其他计算机来远程控制树莓派，可以使用 SSH 安全传输协议或 VNC 协议等方法来实现。只要把树莓派配置为服务器，然后从客户端(即其他计算机)运行相应的支持相同协议的客户端程序，即可远程访问树莓派。

SSH 的全称是 Secure Shell(安全外壳协议)，是 1995 年由芬兰学者 Tatu Ylonen 设计的网络通信协议。SSH 协议是基于应用层的协议，是为远程登录会话和其他网络服务提供安全通信的协议。

传统的网络通信协议(如 FTP、TELNET 等)都是不加密的，因此安全性比较低。由于传统的网络通信协议使用明文传输数据，因此容易受到黑客攻击。而 SSH 协议在传输过程中的数据是加密的，因此安全性更高。

SSH 较为可靠，利用 SSH 可以有效防止远程通信过程中的信息泄露问题。SSH 最初是 UNIX 系统上的一个程序，后来又迅速扩展到其他操作系统平台。SSH 在正确使用时可弥补网络中的安全漏洞。SSH 客户端适用于多种平台。几乎所有 UNIX 平台——HP-UX、Linux、AIX、Solaris、Digital UNIX、Irix，以及其他平台，都可以运行 SSH。

较新版本树莓派的 Raspbian 系统已经包含了 SSH 协议，不需要用户自己安装。但是，在默认状态下 SSH 服务是关闭的，因此，需要启动 SSH 服务。

亲爱的读者，如果你安装的是 2017 年以后的较新版本的 Raspbian 系统，则启动 SSH 服务的方法很简单，具体步骤如下。

首先，如图 8-1 所示，在树莓派的主菜单中单击"首选项"→Raspberry Pi Configuration，打开树莓派的配置窗口。

接着，在如图 8-2 所示的树莓派配置窗口中，单击 Interfaces(即接口)按钮，然后单击 SSH 选项的 Enable(即允许)前面的小圆圈。

图 8-1　打开树莓派的配置窗口

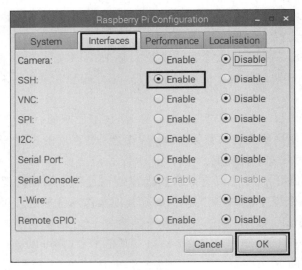

图 8-2　启动 SSH 服务

最后，单击配置窗口右下角的 OK 按钮，保存配置参数，即可启动 SSH 服务。

如果安装的是 2017 年以前的较旧版本的 Raspbian 系统，则启动 SSH 服务的方法也很简单，只要直接使用 Linux 命令来进行配置即可，具体步骤如下。

首先，在树莓派的 LX 终端中输入命令"sudo service ssh status"，这个命令的作用是查看树莓派中的 SSH 服务的工作状态，结果如图 8-3 所示。

在图 8-3 中，最后一行信息表明"Secure Shell server"(即 SSH 服务)已经启动。

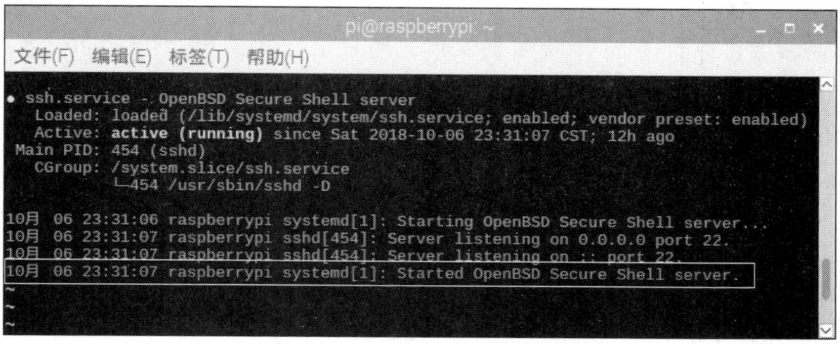

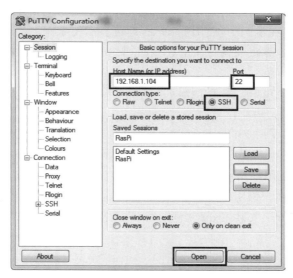

图 8-3　查看 SSH 服务的工作状态

但是,如果在图 8-3 中并没有看到 SSH 服务已经启动的信息,则需在树莓派的 LX 终端中输入命令"sudo service ssh start"来启动 SSH 服务。

另外,只要使用命令"sudo service ssh stop",就可以关闭 SSH 服务。

## 实例 37　用 PuTTY 远程登录树莓派

在远程连接树莓派之前,首先需要知道树莓派的 IP 地址。方法很简单,参考本书第 7章的实例 35,执行 ifconfig 命令即可。

在 Windows 系统中,连接树莓派最常用的 SSH 软件就是 PuTTY,这个软件可以从网上免费下载。启动 PuTTY 后的配置界面如图 8-4 所示。

图 8-4　PuTTY 的配置界面

在图 8-4 中,首先在 Host Name(or IP address)(即主机或 IP 地址)处填写树莓派的 IP地址,在本例中,填入 192.168.1.104。

接着在 Port(端口)处填入端口号 22,并在 Connection type(连接类型)处选择 SSH

协议。

配置好的参数可以单击 Save 按钮来保存以便日后再次使用，在本例中，将有关参数保存为 RasPi 文件。

最后，在图 8-4 中单击 Open 按钮，即可连接树莓派。计算机的屏幕上会出现如图 8-5 所示的 Linux 命令行工作界面，按提示输入用户名 pi，然后输入密码即可（注：如果没有修改过密码的话，默认密码是 raspberry）。

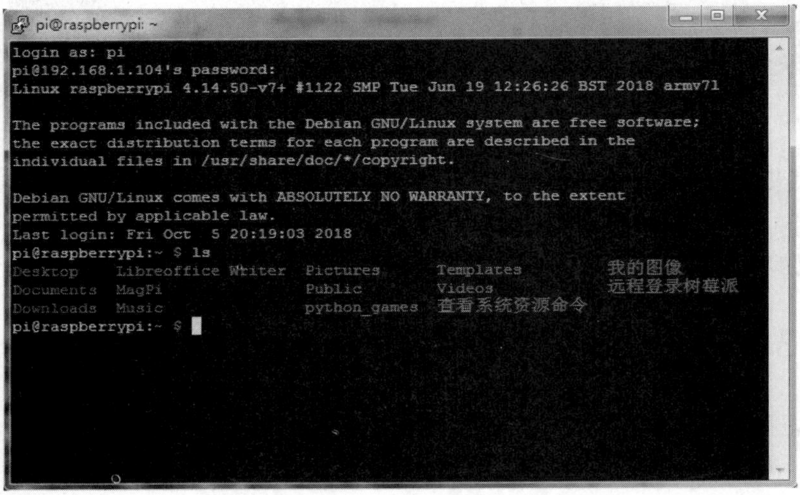

图 8-5　SSH 远程工作界面

这时，可以通过远程的命令行工作界面使用 Linux 命令来控制树莓派，就像直接在树莓派的键盘上操作一样。在本例中，使用 ls 命令，即可显示树莓派上当前文件夹的文件清单。

最后，当需要断开计算机与树莓派的连接时，只要使用 exit 命令即可。

## 实例 38　用远程桌面连接控制树莓派

在实例 37 中，介绍了用 PuTTY 实现远程计算机与树莓派的连接。但是，使用命令行方式来操控树莓派毕竟比不上直接使用图形工作界面方便，因此，聪明又好学的小伙伴们一定会问："能不能直接使用桌面环境来远程控制树莓派?"答案当然是肯定的。

在本例中，我们为你介绍用 Windows 7 自带的"远程桌面连接"控制树莓派的方法。

首先，需要在树莓派上安装 xrdp 软件包，请在 LX 终端中输入以下两行命令：

```
sudo apt – get update
sudo apt – get install xrdp
```

在安装过程中，屏幕上会提问 Yes/No，此时，请直接输入 y 并按 Enter 键继续。

安装完成后，树莓派系统就会自动开启 xrdp 服务。

接着，如图 8-6 所示，在 Windows 7 系统的计算机上单击左下角的"开始"按钮，然后选择"所有程序"→"附件"→"远程桌面连接"，即会启动远程连接。

接着，计算机的屏幕上会出现如图 8-7 所示的远程桌面配置对话框。在图 8-7 中的"计

图 8-6　启动远程桌面连接

算机"处填写树莓派的 IP 地址,本例填入 192.168.1.104;并在"用户名"处填入树莓派的用户名,在这里,填入 pi,并单击"连接"按钮,会出现图 8-8 所示的远程计算机身份无法认证的警告画面。

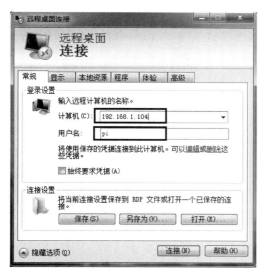

图 8-7　远程桌面配置对话框

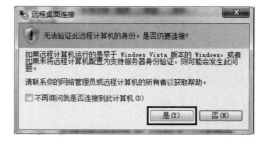

图 8-8　身份无法认证的警告画面

接着,在图 8-8 所示的画面中,单击"是(Y)"按钮继续,稍等片刻,会出现如图 8-9 所示的树莓派图形工作界面。哈哈,连接成功啦!

当使用树莓派的远程桌面时,会发现画面(尤其是视频)有一定的延迟。这是因为 xrdp (远程通信协议)工作时需要在树莓派与远程登录的计算机之间传输大量的数据包。因此,相应的画面受到网络性能、树莓派硬件性能和计算机硬件性能等因素的影响,会产生一定的延迟。

图 8-9　远程图形工作界面

## 实例 39　用 VNC 协议远程控制树莓派

在实例 38 中介绍了用 Windows 7 自带的"远程桌面连接"控制树莓派的方法,但遗憾的是画面有一定的延迟。

在本例中,我们继续为你介绍另一种远程控制方法,即用 VNC 协议远程控制树莓派。

VNC（Virtual Network Console）是虚拟网络控制台的缩写。它是一款优秀的远程控制工具软件,由著名的 AT&T 公司的欧洲研究实验室开发。VNC 是基于 UNIX 和 Linux 操作系统的免费的开源软件,远程控制能力强大,高效实用,其性能可以和 Windows 和 MAC 中的任何远程控制软件媲美。在大多数情况下,用户只需要其中的两个命令 vncserver 和 vncviewer 即可实现远程控制。

在服务器端,新版本的树莓派系统已经包含了 VNC 服务器软件,读者可以参考本书实例 36 所述,在如图 8-10 所示的画面中启动 VNC 服务,在此不再细述。

接着,在树莓派上输入"vncserver :1"命令,就会启动 VNC 服务器,其结果如图 8-11 所示。

在 Windows 系统的计算机上,需要安装名称为 VNC viewer 的 VNC 客户端软件。请用浏览器访问 http://www.realvnc.com/download/viewer/,下载并安装这个软件。

启动 VNC viewer 程序后,会加载树莓派的远程桌面,然后可以通过键盘或鼠标来对其进行远程操作。

俗话说,实践出真知。根据远程控制的实践结果可知,VNC 协议与 xrdp 协议相比,VNC 协议传输的画面比较流畅,延迟比较少。

另外,VNC 协议也支持 iPad 和手机等移动设备,有兴趣钻研的小伙伴们不妨深入尝试。

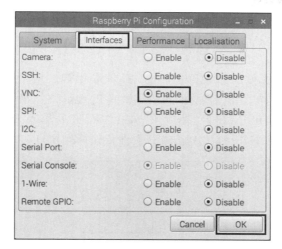

图 8-10　启动 VNC 服务

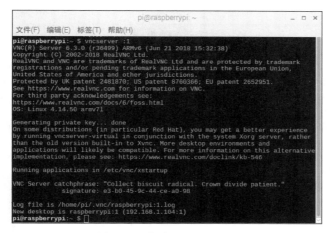

图 8-11　启动 VNC 服务器

# 实例 40　通过网络与树莓派进行文件传输

树莓派的用户经常需要在不同的计算机之间复制文件,实现这个任务的方法很多,其中一种可行的解决方案就是用本书的实例 23 中介绍的方法,即使用 U 盘来复制文件。

此外,也可以通过 SFTP 协议,直接通过网络让其他计算机与树莓派进行文件传输。

SFTP 是英文 Secure File Transfer Protocol 的缩写,其含义是安全文件传送协议。SFTP 为在网络中传输文件提供了一种安全的方法。在 SSH 软件包中,已经包含了一个叫作 SFTP 的安全文件信息传输子系统,SFTP 本身没有单独的守护进程,它必须使用 sshd 守护进程(默认的端口号是 22)来完成相应的连接和响应操作。因此,从某种意义上来说,SFTP 并不像一个服务器程序,而更像是一个客户端程序。

与 SSH 协议一样,SFTP 也使用加密的方法传输认证信息和数据,因此,使用 SFTP 的安全性比较高。但是,由于这种传输方式使用了加密/解密技术,所以传输效率比普通的

FTP 要低一些。

　　运行在 Windows 系统上的常用的 SFTP 文件传输软件是 WinSCP,它目前最新的版本是 5.13.4。

　　WinSCP 的使用方法很简单,且与 PuTTY 非常相似。启动 WinSCP 后,首先是如图 8-12 所示的登录界面,在"主机名"处填入树莓派的 IP 地址,在本例中填入 192.168.1.104,并在"端口号"处填入 22,在"用户名"处填入 pi,在"密码"处填入 Raspberry,最后单击"登录"按钮,即可进入如图 8-13 所示的 WinSCP 文件传输操作窗口。

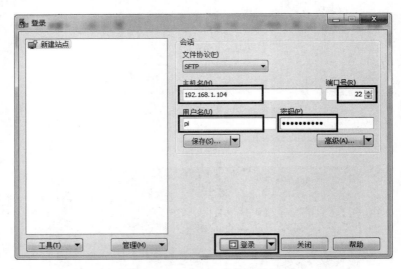

图 8-12　WinSCP 的登录界面

图 8-13　WinSCP 的文件传输操作窗口

在图 8-13 所示的文件传输操作窗口中,左边是计算机的本地文件夹,右边是树莓派的文件夹。在两者之间传输文件的方法很简单,从左边选择好文件后,单击"上传"按钮就可以将文件从计算机上传到树莓派;反之,从右边选择好文件后,单击"下载"按钮就可以将文件从树莓派下载到计算机中。

# 第 9 章

# 用树莓派玩音乐

## 实例 41　Sonic Pi 的工作界面

你喜欢音乐吗？你可爱的小伙伴树莓派不仅可以用来上网、办公、玩游戏，它还可以用来帮助我们播放甚至创作音乐。

在本例中，我们一起来学习专门为树莓派定制的音乐创作软件 Sonic Pi。

简单来说，Sonic Pi 是一个用代码创作音乐的工具。是由 Sam Aaron 设计的音乐创作平台，对零编程基础的读者来说，它使用起来方便快捷，很容易掌握。Sonic Pi 支持 Windows、MAC OS 和 Raspbian 等操作系统。

启动树莓派版本的 Sonic Pi 的具体步骤是单击主菜单中的"编程"→Sonic Pi，如图 9-1 所示。

启动 Sonic Pi 后，会出现如图 9-2 所示的界面。

在图 9-2 中，左侧是"欢迎进入 Sonic Pi 的世界"的提示窗口，单击其右上角的"×"关闭欢迎窗口。关闭欢迎窗口后，会看到 Sonic Pi 的工作界面，如图 9-3 所示。

在图 9-3 中，第 1 行是 Sonic Pi 的标题栏，显示 Sonic Pi 这个音乐软件的名称。

第 2 行是常用工具按钮，包括 Run（播放）、Stop（停止）、Res（录音）、Save（保存文件）、Load（打开文件）、Size－（缩小字体）、Size＋（放大字体）、Scope（查看波形）、Info（信息）、Help（帮助）、Prefs（试听）等按钮。

图 9-1　启动 Sonic Pi

第 3 行左侧的空白区域是编程区，用于输入和编辑播放音乐的代码，例如"play 69"。

图 9-2　启动 Sonic Pi 后的界面

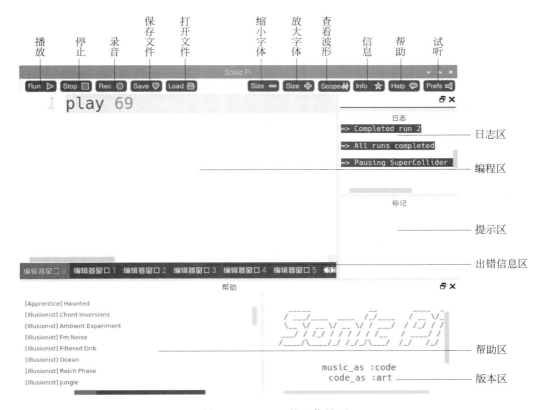

图 9-3　Sonic Pi 的工作界面

Sonic Pi 工作界面右上方的空白区域是波形区和日志区,用于显示音乐程序运行的信息。

日志区的下面是提示区,用于显示音乐程序的相关提示信息。

编程区下面是出错信息区,用于运行显示音乐程序出错时的信息。

出错信息区的下面是帮助区,这里包含由 Sonic Pi 官方提供的详细的帮助信息。

Sonic Pi 工作界面的右下方是版本区,给出了 Sonic Pi 版本号等信息。

## 实例 42　播放一个单独的乐音

请注意:如果你的显示设备是带有 HDMI 接口的电视机,那么从电视机中就可以听到 Sonic Pi 产生的音乐;否则,请在树莓派的声音输出孔中插入耳机或者带功放的小音箱来收听 Sonic Pi 产生的音乐。

首先,让我们从创作最简单的音乐开始吧! 在这里,尝试用 Sonic Pi 播放一个单独的乐音。请在 Sonic Pi 的编程区输入"play 60"命令,接着,单击顶部的 Run(播放)按钮。此时,将会听到树莓派播放一个乐音 1。(do)。

假如输入了一个错误的命令,例如,错误地把字母 y 当作 t,输入了"plat 69"命令,那么单击"Run"按钮时就不会产生音乐,并且在出错信息区将会出现相应的出错信息。

接着,将"play 60"命令修改为"play 62"命令,并单击 Run 按钮,则会听到另一个乐音 2 (lei),这个乐音的音调比"play 60"的音调稍高。

同理,还可以尝试把"play 60"命令中的数字分别修改为 63、64、65 等来试听,会听到音调越来越高的乐音。

反之,如果将"play 60"命令中的数字分别修改为 59、57、55 等来试听,则会听到音调越来越低的乐音。

除了用数字以外,也可以用字母来定义乐音,但是在字母前面要加上一个冒号。例如,可以尝试用"play :C"或"play :D"或"play :E"命令来产生一个乐音。

在 Sonic Pi 中,更多的 MIDI 音符数字对应的乐音如图 9-4 所示。

| | Notes | | | | | | | | | | | |
|---|---|---|---|---|---|---|---|---|---|---|---|---|
| Octave Number | C | C# | D | D# | E | F | F# | G | G# | A | A# | B |
| 0 | 0 | 1 | 2 | 3 | 4 | 5 | 6 | 7 | 8 | 9 | 10 | 11 |
| 1 | 12 | 13 | 14 | 15 | 16 | 17 | 18 | 19 | 20 | 21 | 22 | 23 |
| 2 | 24 | 25 | 26 | 27 | 28 | 29 | 30 | 31 | 32 | 33 | 34 | 35 |
| 3 | 36 | 37 | 38 | 39 | 40 | 41 | 42 | 43 | 44 | 45 | 46 | 47 |
| 4 | 48 | 49 | 50 | 51 | 52 | 53 | 54 | 55 | 56 | 57 | 58 | 59 |
| 5 | 60 | 61 | 62 | 63 | 64 | 65 | 66 | 67 | 68 | 69 | 70 | 71 |
| 6 | 72 | 73 | 74 | 75 | 76 | 77 | 78 | 79 | 80 | 81 | 82 | 83 |
| 7 | 84 | 85 | 86 | 87 | 88 | 89 | 90 | 91 | 92 | 93 | 94 | 95 |
| 8 | 96 | 97 | 98 | 99 | 100 | 101 | 102 | 103 | 104 | 105 | 106 | 107 |
| 9 | 108 | 109 | 110 | 111 | 112 | 113 | 114 | 115 | 116 | 117 | 118 | 119 |
| 10 | 120 | 121 | 122 | 123 | 124 | 125 | 126 | 127 | | | | |

MIDI Note Numbers for Different Octaves

图 9-4　MIDI 音符数字对应的乐音

## 实例 43　连续播放多个乐音

在实例 42 中，介绍了播放一个单音。那么，怎样用树莓派的 Sonic Pi 软件连续播放多个不同的乐音呢？有些性急的读者会说："那不是很简单吗？连续输入多条 play 命令就行了，例如输入以下三条命令。"

```
play 72
play 74
play 76
```

但是，实际上直接使用以上三条命令是不行的，原因是树莓派几乎会在同一时间播放这 3 个乐音，听起来就像是在播放合奏。如果要按先后次序播放这 3 个乐音，就需要在每个音符之间加上延迟时间来解决这个问题，即要加上 sleep 命令。例如，"sleep 0.5"命令就表示延迟 0.5s。因此，将以上命令修改为以下的命令序列就可以连续播放多个乐音了。

```
play 72
sleep 0.5
play 74
sleep 0.5
play 76
```

当然，也可以将延迟时间调整得更长一些或短一些，例如"sleep 1"或"sleep 0.25"，则分别延迟 1s 或 0.25s。

同理，也可以用多个不同的字母来实现连续播放多个乐音，例如：

```
play :C
sleep 0.5
play :D
sleep 0.5
play :E
sleep 0.5
play :F
sleep 0.5
play :G
sleep 0.5
play :A
sleep 0.5
play :B
```

要完成以上连续播放多个乐音的任务，还可以用更加简洁的命令来实现，命令格式如下：

```
play_pattern_timed [数字,数字,数字,数字,数字,],[延迟]
```

或

```
play_pattern_timed [:字母,:字母,:字母,:字母,:字母,],[延迟]
```

例如：

```
play_pattern_timed [60,62,64,65,67,69,71],[0.5]
```

这一条命令的含义是连续播放 1~7 这 7 个乐音,每个乐音之间的延迟为 0.5s。

又如:

```
play_pattern_timed [:C,:D,:E,:F,:G,:A,:B],[1]
```

这一条命令的含义同样是连续播放 1~7 这 7 个乐音,每个乐音之间的延迟为 1s。

掌握了 Sonic Pi 的命令格式后,就可以将熟悉的乐曲改编成 Sonic Pi 乐音编码,并且用树莓派来演奏了。甚至还可以自编乐谱,你是否觉得很好玩?请别忘记用 Save 按钮保存你的杰作啊!

## 实例 44　用树莓派模拟各种不同的乐器

当使用 Sonic Pi 演奏音乐时,还可以轻易地模拟各种不同乐器来演奏,其命令格式如下:

**use_synth: 乐器代号**

在这里,"use_synth"后面必须为一个空格符并紧接一个冒号,冒号后面紧接乐器代号,而且"乐器代号"必须符合 Sonic Pi 规定的乐器格式,要用小写字母开头,用作指定某种乐器。例如,输入以下两条命令:

```
use_synth :piano
play_pattern_timed [:C,:D,:E,:F,:G,:A,:B],[1]
```

树莓派将会模拟 piano(钢琴)来演奏 1~7 这 7 个乐音,每个乐音之间的延迟为 1s。听起来钢琴的乐音很清纯。

又如,输入以下两条命令:

```
use_synth :tb303
play_pattern_timed [:C,:D,:E,:F,:G,:A,:B],[1]
```

树莓派会模拟 tb303(电子合成器)来演奏 1~7 这 7 个乐音,每个乐音之间的延迟为 1s。听起来电子合成器的低音很独特和浓厚。

除了模拟钢琴和电子合成器这两种典型乐器以外,Sonic Pi 还可以模拟许多不同的乐器,常见的乐器代号有:

```
fm
saw
beep
growl
hollow
```

我们甚至还可以用树莓派来模拟噪音,只要使用"use_synth :noise"命令即可。

亲爱的读者,如果你想了解更多树莓派的 Sonic Pi 能够支持的乐器的知识,单击 Sonic Pi 的工作界面左下方的"合成器"按钮,即可以查看各种相关乐器的知识和模拟播放这些乐器的命令格式,如图 9-5 所示。

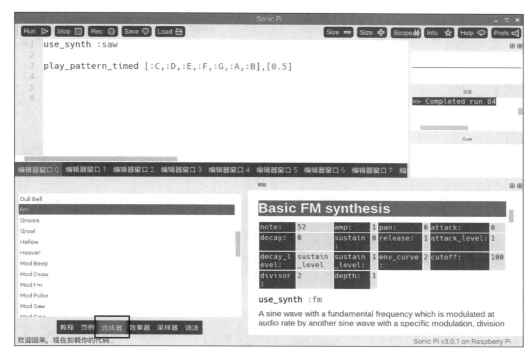

图 9-5　查看 Sonic Pi 的合成器

## 实例 45　用树莓派演奏更复杂的音乐

事实上，许多乐曲都会重复地演奏某些段落。在使用 Sonic Pi 来编辑乐谱时，也可以使用专门的命令来实现重复地演奏。重复地演奏的命令格式如下：

**n. times do**
　……
**end**

其中，前面的小写字母 n 应为正整数，表示重复演奏的次数，例如：

```
use_synth :piano
2. times do
  play_pattern_timed [:C,:D,:E,:F,:G,:A,:B],[1]
end
use_synth :tb303
3. times do
  play_pattern_timed [:C,:D,:E,:F,:G,:A,:B],[1]
end
```

以上命令的作用是首先模拟钢琴演奏两次 1～7 这 7 个乐音，然后再模拟 tb303 电子合成器演奏 3 次 1～7 这 7 个乐音。

此外，Sonic Pi 还提供了许多精彩的音乐范例，可以直接用"复制"和"粘贴"相关的命令代码的方法来体验这些 Sonic Pi 的范例，如图 9-6 所示。

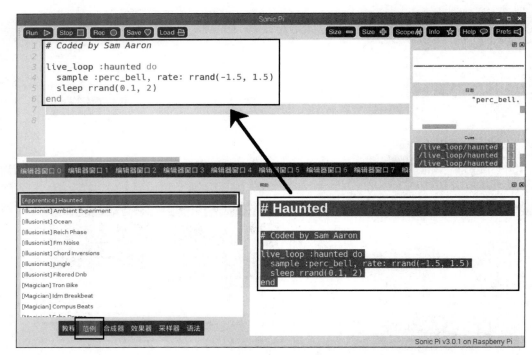

图 9-6　体验 Sonic Pi 的范例

在图 9-6 中，首先，单击 Sonic Pi 工作界面左下方的"范例"按钮，"范例"按钮上方的目录区就会列出范例的目录。

接着，在目录区选中某个范例，则右边的帮助区就会给出这个范例的命令代码。

然后，可以按 Ctrl＋C 组合键复制其中所有的代码。

最后，删除编程区中原来的所有代码，然后按 Ctrl＋V 组合键粘贴范例中的代码，即可单击 Run 按钮来试听了。

在 Sonic Pi 的代码中，凡是用"♯"开头的都是注释语句，这些注释语句不会被树莓派执行，一般用作说明代码的设计者是谁或代码的主要用途等。

在本例中，可以听到由 Sonic Pi 的软件设计师 Sam Aaron 亲自设计的音乐作品，这段音乐代码会令树莓派随机地播放清脆的铃声或悠扬的钟声。

亲爱的读者，如果继续打开其他范例，你将会欣赏到更多美妙动听的音乐。

如果单击图 9-6 中"范例"按钮左边的"教程"按钮，阅读官方提供的教程，将可以学习更多 Sonic Pi 的相关知识。

# Scratch趣味编程

## 实例 46　Scratch 的工作界面

Scratch 是一款由美国麻省理工学院(MIT)设计开发的少儿编程工具。其特点是编程方法很直观和简单,构成程序的命令和参数通过积木形状的功能模块来实现,用鼠标拖动功能模块到程序编辑栏就可以编程了。

在树莓派最新版的 Raspbian 系统中已经预先安装了 3 个不同版本的 Scratch,即Scratch、Scratch 2 和 Scratch 3,三者的工作界面不一样。在本书中,限于篇幅,仅简要地介绍 Scratch。

如图 10-1 所示,单击树莓派主菜单中的"编程"→Scratch,即可启动 Scratch。

图 10-1　启动 Scratch

启动后,Scratch 的工作界面如图 10-2 所示。

在图 10-2 所示的工作界面中,左上方是按钮区,按钮区的下面是功能模块区,中间是程序代码区,右上方是预览区,右下方是角色区。

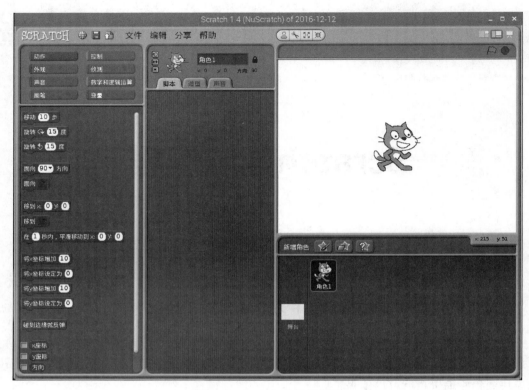

图 10-2　Scratch 的工作界面

Scratch 的功能模块共分为 8 类,即"动作""外观""声音""画笔""控制""侦测""数字和逻辑运算"和"变量"。单击工作窗口中类别按钮,即可选择不同类别的功能模块。

## 实例 47　让角色在舞台中移动

Scratch 的编程方法很简单,只要用鼠标将某个功能模块从功能模块区拖动到中间的程序代码区中,即可定义一条命令。

例如,要使 Scratch 的默认角色搞怪猫向前移动 100 步,其编程方法很简单。

如图 10-3 所示,首先单击"动作"按钮,选择动作类功能模块;接着,将"移动 10 步"功能模块从功能模块区拖动到程序代码区;然后将步数修改为 100 步即可。

此后,只要单击一下程序代码区中的"移动 100 步"功能模块,则预览区中的搞怪猫就会向前移动 100 步。

在这里,简要地说明一下如何确定 Scratch 中角色在预览区中的位置。在 Scratch 中,采用与数学中的平面直角坐标系的横坐标及纵坐标即(x,y)共同来确定角色的位置,舞台中央即原点的坐标为(0,0),向右为横坐标的正方向,向上为纵坐标的正方向。原点右边的横坐标取正数,原点左边的横坐标取负数;而原点上边的纵坐标取正数,原点下边的纵坐标取负数。

在图 10-3 中,搞怪猫位于 x 轴上,且从原点出发向前移动了 100 步,则它的坐标为

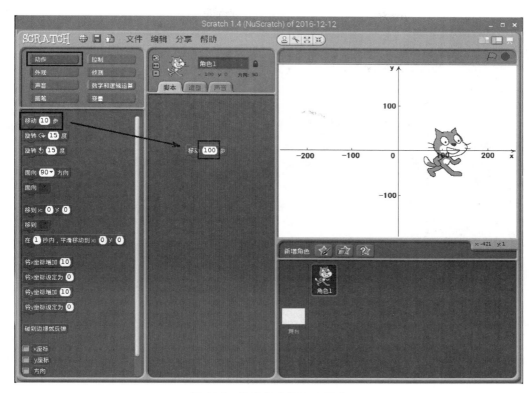

图 10-3　让角色在舞台中移动

（100,0）。

假如移动的步数为负数,则角色后退。例如,将"移动 100 步"中的步数修改为−50,则表示单击这个功能模块时,会命令搞怪猫后退 50 步。

类似地,可以用"旋转 15 度"功能模块让角色旋转 15°。(注:箭头表示旋转的方向)

总之,只要理解了 Scratch 的平面直角坐标系,就可以通过"动作"类中的某个功能模块来决定角色如何在舞台中运动。

## 实例 48　让角色显示文字和发出声音

在本例中,将设计一个稍为复杂一点的实例,让搞怪猫在沙漠中玩躲猫猫游戏,并显示文字 miao 和发出猫叫声。

如图 10-4 所示,首先单击窗口右下方的"舞台"按钮,接着单击窗口上方的"多个背景"标签,然后单击"导入"按钮,打开如图 10-5 所示的画面。

图 10-5 用于选择导入的背景图,在本例中,选择 desert(沙漠),然后单击"确定"按钮。

接着,如图 10-6 所示,依照以下的次序逐一定义搞怪猫的每一个动作。

(1)单击"控制"按钮,将"当角色 1 被单击"模块拖至代码区。

(2)单击"外观"按钮,将"隐藏"模块拖至代码区,并粘连在"当角色 1 被单击"模块的下方。

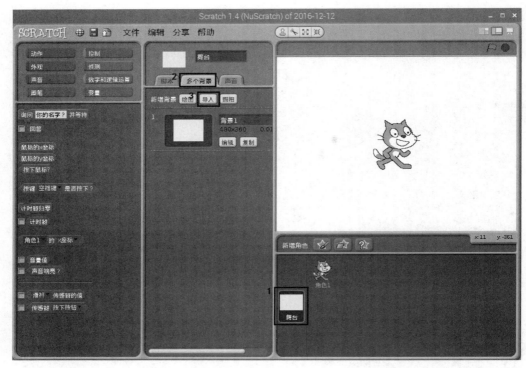

图 10-4　导入舞台背景

图 10-5　选择导入的背景图

（3）单击"动作"按钮，将"移动 10 步"模块拖至代码区，将步数修改为 50，并粘连在"隐藏"模块的下方。

（4）单击"变量"按钮，将"将变量 n 的值增加 1"模块拖至代码区，并粘连在"移动 50 步"模块的下方。

（5）单击"外观"按钮，将"将角色的大小设定为 100"模块拖至代码区，将大小的数值修

图 10-6　设计搞怪猫的动作脚本

改为 50，并粘连在"将变量 n 的值增加 1"模块的下方。

（6）单击"动作"按钮，将"等待 1 秒"模块拖至代码区，将秒数修改为 2，并粘连在"将角色的大小设定为 50"模块的下方。

（7）单击"外观"按钮，将"显示"模块拖至代码区，并粘连在"等待 2 秒"模块的下方。

（8）单击"声音"按钮，将"播放声音喵"模块拖至代码区，并粘连在"显示"模块的下方。

（9）单击"外观"按钮，将"说你好 2 秒"模块拖至代码区，将"你好"二字修改为 miao，将秒数修改为 1 秒，并粘连在"播放声音喵"模块的下方。

至此，搞怪猫的动作脚本设计完成，单击右上方的绿色小旗，测试搞怪猫的动作播放效果。当单击搞怪猫时，屏幕右上方的计数值会增加 1，与此同时，搞怪猫会隐藏 2 秒，当它重新出现时会向前移动了 50 步，显示文字 miao，并发出"喵"的猫叫声。

## 实例 49　设计八爪鱼在海底游动的动画

首先，如图 10-7 所示，单击窗口右下方的"舞台"按钮，接着单击窗口上方的"多个背景"标签，然后单击"导入"按钮，打开如图 10-7 所示的背景导入窗口。

在 Scratch 中，可以导入的背景分为 Indoors（室内）、Nature（自然）、Outdoors（室外）、Sports（运动）和 XY-grid（XY 坐标）五种类型。

在图 10-7 中，选择背景类型 Nature（自然），然后选择 Underwater（海底），并单击"确定"按钮，即可导入海底背景。

接着，如图 10-8 所示，单击图中右下方的"新增角色"按钮，打开如图 10-9 所示的导入角色窗口。

图 10-7　导入海底背景

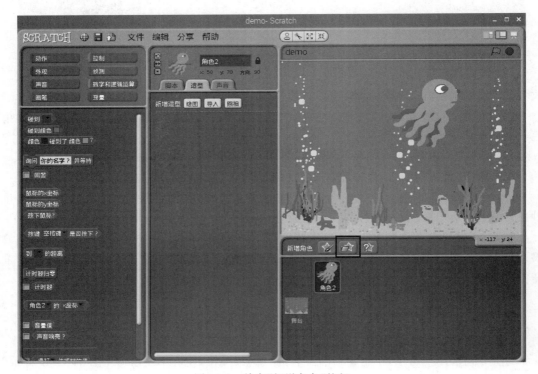

图 10-8　单击"新增角色"按钮

接着,如图10-9所示,单击图中右下方的"新增角色"按钮,打开如图10-9所示的导入角色窗口。

接着,在图10-9中,选择类型Animals(动物),选择八爪鱼图案octopusl-a,并按"确定"按钮,导入八爪鱼的第1个造型。

同样,依次单击"造型"按钮,"导入"按钮,选择类型Animals,选择八爪鱼图案octopusl-b,

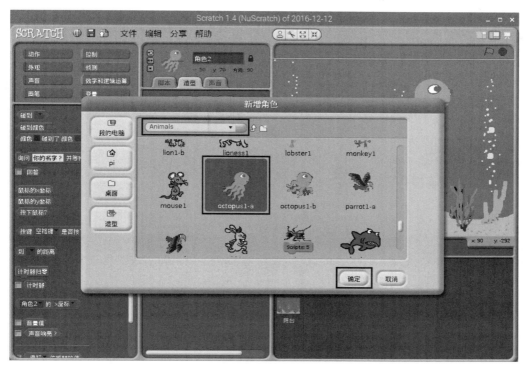

图 10-9　导入八爪鱼的第 1 个造型

并按"确定"按钮,继续导入八爪鱼的第 2 个造型。

然后,如图 10-10 所示,按照以下的次序逐步设计八爪鱼的动作命令脚本。

(1) 单击"控制"按钮,将"当绿旗被单击"功能模块拖至代码区。

(2) 单击"动作"按钮,将"移到 x:0 y:0"模块拖至代码区,将其中的横坐标修改为 −100,将纵坐标修改为−80,并粘连在"当绿旗被单击"模块的下方。

(3) 单击"控制"按钮,将"重复执行 10 次"功能模块拖至代码区,将重复的次数修改为 15,并粘连在"移到 x：−100 y：−80"模块的下方。

(4) 单击"外观"按钮,将"下一个造型"功能模块拖至代码区,并粘连在"重复执行 15 次"模块的下方。

(5) 单击"动作"按钮,将"将 x 坐标增加 10"功能模块拖至代码区,并粘连在"下一个造型"模块的下方。

(6) 单击"动作"按钮,将"将 y 坐标增加 10"功能模块拖至代码区,并粘连在"将 x 坐标增加 10"模块的下方。

(7) 单击"控制"按钮,将"等待 1 秒"功能模块拖至代码区,将等待的时间修改为 0.2 秒,并粘连在"将 y 坐标增加 10"模块的下方。

至此,八爪鱼的动作脚本设计完成,单击工作窗口右上方的绿色小旗,测试八爪鱼游动的动画播放效果。当单击绿色小旗时,八爪鱼会在海底不停地摆动足须向右上方游动。

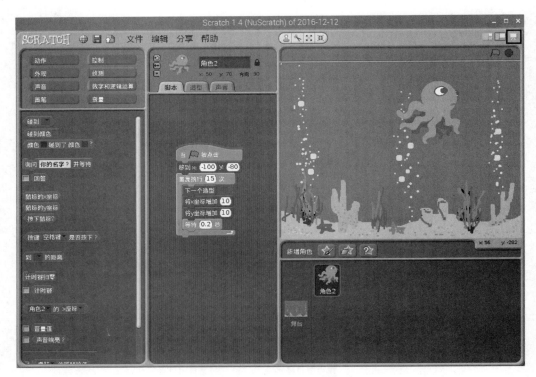

图 10-10　设计八爪鱼的动作脚本

## 实例 50　设计一个女巫撞飞机的小游戏

在本例中,介绍用 Scratch 设计一个女巫撞飞机的小游戏。在游戏中,一架飞机每次随机地从不同的高度沿水平方向飞过舞台,游戏玩家要控制女巫在适当的时间跳起来拦截飞机,如果能撞到飞机可以得分,如果撞不到飞机则不得分。

首先,导入田野的背景图,如图 10-11 所示,单击“舞台”→“多个背景”→“导入”,打开导入背景窗口,然后选中类型为“Outdoors”(室外)中的一幅背景图“hay_field”(田野),最后按“确定”按钮导入背景图。

接着,删除搞怪猫,按住 Shift 键,并单击搞怪猫,从弹出的快捷菜单中选择“删除”项即可。

接着,单击屏幕右下方的 按钮,打开如图 10-12 所示的“新增角色”窗口,从类型 Transportation(交通工具)中选择 airplane1(飞机),并按“确定”按钮,即可新增一个名称为角色 2 的飞机角色。

同理,单击屏幕右下方的 按钮,打开如图 10-13 所示的“新增角色”窗口,从类型 Fantasy(幻想)中选择 witch1(女巫),并按“确定”按钮,即可新增一个名称为“角色 3”的女巫角色。

接着,需要将女巫的脸部从面向右改为面向左,如图 10-14 所示,单击“造型”→“编辑”→“水平翻转”和 ok 按钮即可。

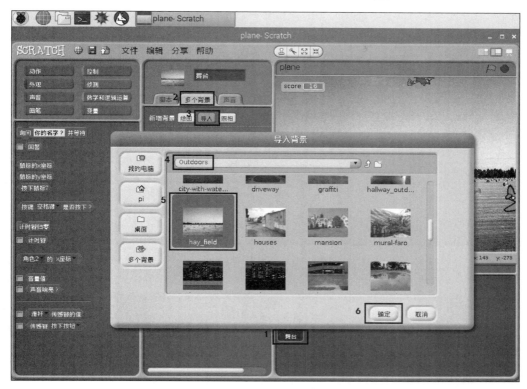

图 10-11　导入田野的背景图

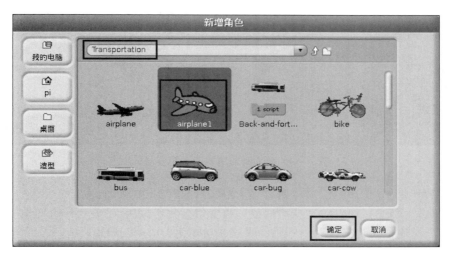

图 10-12　新增飞机角色

　　然后,需要导入撞击的声音,如图 10-15 所示,单击"声音"→"导入"→Electronic(电子的)→Laser1(激光)和"确定"按钮即可。

　　接着,单击飞机角色,并如图 10-16 所示按以下的具体步骤设计飞机的动作命令脚本,使飞机随机地从某一高度飞入,并以每 0.1s 前进 25 个单位的速度向右飞翔。

图 10-13　新增女巫角色

图 10-14　将女巫的图案沿水平方向翻转

（1）单击"控制"按钮，将"当绿旗被单击"功能模块拖至代码区。

（2）单击"变量"按钮，单击"新增变量"，将变量名称定义为 score，将"将变量 score 的值设为 0"功能模块拖至代码区，并粘贴到"当绿旗被单击"功能模块的下方。

（3）单击"控制"按钮，将"重复执行 10 次"功能模块拖至代码区，并粘贴到"将变量 score 的值设为 0"功能模块的下方。

（4）单击"外观"按钮，将"将角色大小设为 100"功能模块拖至代码区，将角色大小的数值设为 60，并粘贴到"重复执行 10 次"功能模块的下方。

（5）单击"动作"按钮，将"将 x 坐标设定为 0"功能模块拖至代码区，将 x 坐标的数值设定为－240，即屏幕的最左侧，并粘贴到"将角色大小设为 60"功能模块的下方。

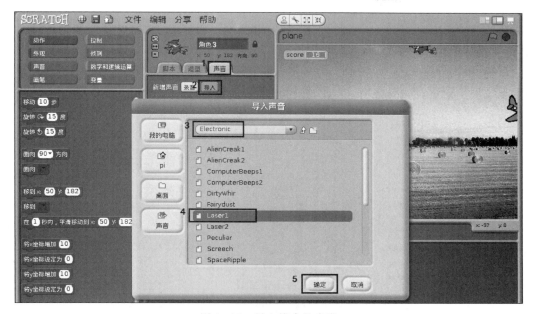

图 10-15　导入撞击的声音

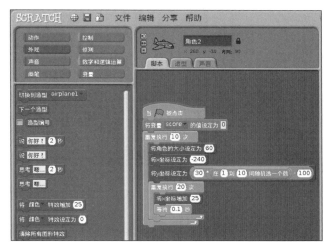

图 10-16　设计飞机的动作命令脚本

（6）单击"数字和逻辑运算"按钮，并拖动绿色的运算功能模块，定义飞机进入舞台时的高度（即飞机的 y 坐标）计算公式，即"30＊（在 1 到 10 间随机选一个数）－100"。

（7）单击"动作"按钮，将"将 y 坐标设定为 0"功能模块拖至代码区，将上一步生成的计算公式拖动到"将 y 坐标设定为"功能模块中的填空栏处，并粘贴到"将 x 坐标设定为－240"功能模块的下方。

（8）单击"控制"按钮，将"重复执行 10 次"功能模块拖至代码区，将次数修改为 20 次，并粘贴到"将 y 坐标设定为"功能模块的下方。

（9）单击"动作"按钮，将"将 x 坐标增加 10"功能模块拖至代码区，将数值修改为 25，并粘贴到"重复执行20次"功能模块的下方。

（10）单击"控制"按钮，将"等待1秒"功能模块拖至代码区，将秒数修改为0.1，并粘贴到"将x坐标增加25"功能模块的下方。

最后，单击女巫角色，并如图10-17所示按以下的具体步骤设计女巫的动作命令脚本，当玩家按下空格键时，女巫以每0.1s前进20个单位的速度向上飞翔，撞击飞机。

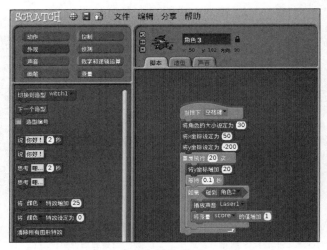

图10-17　设计女巫的动作命令脚本

（1）单击"控制"按钮，将"当按下空格键"功能模块拖至代码区。

（2）单击"外观"按钮，单击"将角色的大小设定为100"功能模块拖至代码区，将数值修改为30，并粘贴到"当按下空格键"功能模块的下方。

（3）单击"动作"按钮，将"将x坐标设定为0"功能模块拖至代码区，将数值修改为50，并粘贴到"将角色的大小设定为30"功能模块的下方。

（4）单击"动作"按钮，将"将y坐标设定为0"功能模块拖至代码区，将数值修改为−200，并粘贴到"将x坐标设定为50"功能模块的下方。

（5）单击"控制"按钮，将"重复执行10次"功能模块拖至代码区，将数值修改为20，并粘贴到"将y坐标设定为−200"功能模块的下方。

（6）单击"动作"按钮，将"将y坐标增加10"功能模块拖至代码区，将数值修改为20，并粘贴到"重复执行20次"功能模块的下方。

（7）单击"控制"按钮，将"等待1秒"功能模块拖至代码区，将数值修改为0.1s，并粘贴到"将y坐标增加20"功能模块的下方。

（8）单击"控制"按钮，将"如果"功能模块拖至代码区，单击"侦测"按钮，将"碰到角色2"功能模块拖动到"如果"右侧的填空栏处，并将完整的"如果"功能模块粘贴到"等待0.1秒"功能模块的下方。

（9）单击"声音"按钮，将"播放声音Laser1"功能模块拖至代码区，并粘贴到"如果碰到角色2"功能模块的下方。

（10）单击"变量"按钮，将"将变量score的值增加1"功能模块拖至代码区，并粘贴到"播放声音Laser1"功能模块的下方。

　　至此,整个女巫撞击飞机的小游戏设计完成,如图 10-18 所示,单击屏幕右上方的绿色小旗开始游戏,测试游戏的运行效果,尝试控制女巫拦截飞机。

图 10-18　测试游戏的运行效果

# 第 11 章

# 树莓派Python编程入门

## 实例 51    Python 的编程界面

在树莓派上,可以通过 Python 语言来编写自己的软件。Python 语言是完全免费的,并且已经预装在 Raspbian 系统上。学习 Python 语言非常容易,同时它又具有强大的功能。

目前,Python 语言已经成为最受欢迎的程序设计语言之一。自从 2004 年以后,Python 的使用率呈线性增长。2011 年 1 月,它被 TIOBE 编程语言排行榜评为 2010 年度语言。

由于 Python 语言的简洁性、易读性以及可扩展性,在国外用 Python 进行科学计算的研究机构日益增多,一些知名大学已经采用 Python 语言来教授程序设计课程。例如卡耐基·梅隆大学的“编程基础”、麻省理工学院的“计算机科学及编程导论”就使用 Python 语言讲授。众多开源的科学计算软件包都提供了 Python 的调用接口,例如著名的计算机视觉库 OpenCV、三维可视化库 VTK、医学图像处理库 ITK 等。而 Python 语言专用的科学计算扩展库就更多了,如 NumPy、SciPy 和 matplotlib,它们分别为 Python 语言提供了快速数据分析、数值运算以及绘图功能。因此 Python 语言及其众多的扩展库所构成的开发环境十分适合工程技术人员、科研人员处理实验数据、制作图表,甚至开发科学计算应用程序。

图 11-1    启动 Python

请注意:Python 语言分为 Python 2 和 Python 3 两个版本,但是这两个版本并不完全兼容,本书仅仅介绍 Python 3。

在树莓派上启动 Python 3 的方法如图 11-1 所示,单击树莓派主菜单中的“编程”→“Python3(IDLE)”,屏幕上会出现如图 11-2 所示的 Python 编程界面。

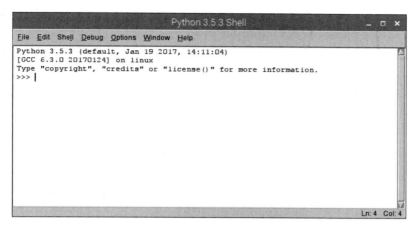

图 11-2　Python 的编程界面

# 实例 52　用 Python 进行数学运算

要学习 Python 语言,不妨从最简单的数学运算开始。

如图 11-3 所示,在 Python 编程界面中,首先,在 Python 的提示符"＞＞＞"后面输入"1＋2"然后按 Enter 键,则树莓派就会在下一行返回加法运算的结果 3。

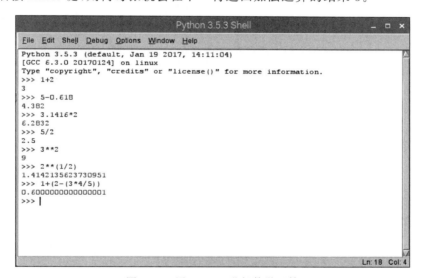

图 11-3　用 Python 进行数学运算

接着,在 Python 的提示符"＞＞＞"后面输入"5－0.618"然后按 Enter 键,树莓派就会在下一行返回减法运算的结果 4.382。

也可以用 Python 进行乘法和除法运算。但是请注意,在 Python 语言中乘号"×"是用星号"＊"表示的,而除号"÷"则用"/"表示。

例如,在 Python 的提示符"＞＞＞"后面输入"3.1416＊2"然后按 Enter 键,树莓派就会在下一行返回乘法运算的结果 6.2832。

例如,在 Python 的提示符"＞＞＞"后面输入"5/2"然后按 Enter 键,树莓派就会在下一行返回除法运算的结果 2.5。

还可以用 Python 进行幂运算,**请注意,在 Python 语言中乘方运算的符号是用两个星号"＊＊"表示的。**

例如,在 Python 的提示符"＞＞＞"后面输入"3 ＊＊ 2"然后按 Enter 键,树莓派会在下一行返回 3 的 2 次方的运算结果 9。

又如,在 Python 的提示符"＞＞＞"后面输入"2 ＊＊ (1/2)"然后按 Enter 键,树莓派会在下一行返回 2 的算术平方根的运算结果 1.4142135623730951。

在 Python 语言中,对于包含括号的算式,执行数学运算的先后次序遵循数学运算规则,即首先计算括号中包含的算式,然后进行乘除运算,最后才进行加减运算。(注:括号可以嵌套)

在图 11-3 中,最后,在 Python 的提示符"＞＞＞"后面输入"1＋(2－(3 ＊ 4/5))"然后按 Enter 键,则树莓派就会在下一行返回运算结果 0.6000000000000001。在本例中,首先计算最里面的括号包含的"3 ＊ 4/5",即先计算"3 乘以 4",接着将得到的结果 12 除以 5,得到除法运算结果 2.4,然后计算外面的括号,即"2－2.4",得到结果 －0.4,最后才计算"1＋(－0.4)",并得到最终结果 0.6000000000000001。在本例中,最终的计算结果并不是准确的答案 0.6,原因是进行浮点运算时,树莓派产生了一些误差。

如果在 Python 工作界面中输入了一条错误的算式,树莓派会返回出错的提示信息。

例如,如图 11-4 所示,在提示符"＞＞＞"的后面输入了"1/0",由于在算式中分母不能为零,所以树莓派就会返回"division by zero"(除以零)的出错信息。

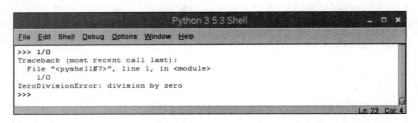

图 11-4　树莓派返回"division by zero"提示信息

## 实例 53　Python 字符串处理

在各种计算机语言的教材中,第一条向读者介绍的命令通常是让计算机输出"hello, world!"。

如图 11-5 所示,在 Python 的提示符"＞＞＞"后面依次输入以下 4 条命令(注:每条命令后面用 Enter 键结尾):

```
a = "hello,"
b = "world!"
c = a + b
c
```

则树莓派就会在下一行输出“hello,world!”。

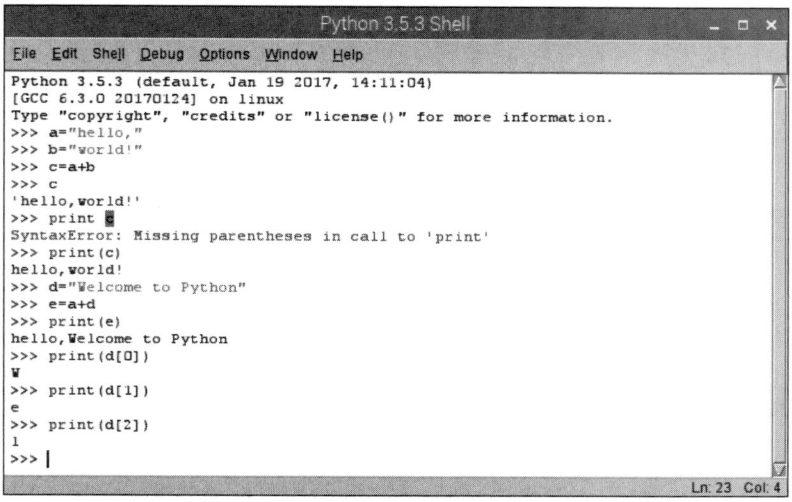


```
Python 3.5.3 (default, Jan 19 2017, 14:11:04)
[GCC 6.3.0 20170124] on linux
Type "copyright", "credits" or "license()" for more information.
>>> a="hello,"
>>> b="world!"
>>> c=a+b
>>> c
'hello,world!'
>>> print c
SyntaxError: Missing parentheses in call to 'print'
>>> print(c)
hello,world!
>>> d="Welcome to Python"
>>> e=a+d
>>> print(e)
hello,Welcome to Python
>>> print(d[0])
W
>>> print(d[1])
e
>>> print(d[2])
l
>>> 
```

图 11-5 Python 的 print()函数

在本例中使用了多个字符串变量。字符串变量由若干个字符组成,一般来说,字符串变量中的元素可以是字母,可以是数字,甚至也可以是空格符或其他特殊字符。

在本例中,第 1 条命令 a="hello,"是一条赋值语句,它的作用是将字符串"hello,"赋值给变量 a;同理,第 2 条命令 a="world!"也是一条赋值语句,它的作用是将字符串"world!"赋值给变量 b;第 3 条命令"c=a+b"的作用是将字符串变量 a 和字符串 b 连接起来,并将连接的结果赋值给变量 c;第 4 条命令 c 的作用则是输出变量 c 的值,即输出'hello,world!'。

在图 11-5 中,继续输入命令"print c"并按 Enter 键,屏幕上出现“SyntaxError: Missing parentheses in call to'print'”的错误提示信息,表明在这里 print 命令语法错误。其原因是在 Python 3 中,print 并不是一条命令,而是一个函数,因此,应将这条命令修改为 print(c),此时,就可以输出字符串'hello,world!'了。

接着,使用 d="Welcome to Python"命令定义字符串变量 d,然后,使用"e=a+d"命令将字符串 a 和字符串 d 连接起来并保存到变量 e 中,再使用 print(e)函数,即会输出字符串"hello,Welcome to Python"。

在 Python 中,可以使用索引值来访问字符串中的某个字符,索引值要用方括号括起来,索引值是从 0 开始编号的自然数,即第 1 个字符的索引值是 0,第 2 个字符的索引值是 1,第 3 个字符的索引值为 2,以此类推。

在图 11-5 中,由于已经将字符串变量 d 赋值为“Welcome to Python”,因此,调用 print(d[0])函数就会输出字符串变量 d 的第 1 个字符,即 W;同理,调用 print(d[1])函数就会输出字符串变量 d 的第 2 个字符,即 e;调用 print(d[2])就会输出字符串变量 d 的第 3 个字符,即 l。

此外,还可以用 find()方法在字符串变量中搜索某个单词,如果单词位于字符串变量中,find()方法就会返回这个单词的第 1 个字符在字符串变量中的索引值;如果没有找到这个单词,则返回−1。

如图11-6所示,在Python的提示符"＞＞＞"后面输入d.find('to')并按Enter键,则会返回'to'在字符串变量d中的索引值8,即单词'to'的第1个字母't'位于字符串变量d第9个字符处;又如,在Python的提示符"＞＞＞"后面输入d.find('Python')并按Enter键,则会返回'Python'在字符串变量d中的索引值11,即单词'to'的第1个字母't'位于字符串变量d的第12个字符处;而在Python的提示符"＞＞＞"后面输入d.find('hello')并按Enter键,则会返回−1,表明没有在字符串变量d中找到单词'hello'。

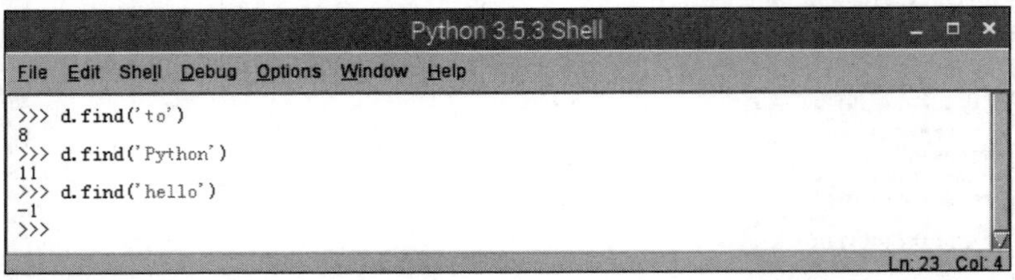

图 11-6   在字符串中搜索单词

## 实例 54   Python 变量的类型及转换

在以上的实例中,我们已经介绍了字符串变量。在 Python 3 中,可以使用变量来存储数值、字符串或其他类型的数据,并可以非常方便地对变量进行赋值和取值操作。

为了创建变量,首先需要对变量进行命名。变量名必须用字母开头,除了变量名的第一个字符必须为字母,变量名的其他字符既可以是字母,也可以是数字。通常使用等号"＝"来对变量进行赋值,即将具体的数值存储到变量中。数值型变量分为整型变量(仅含整数)和浮点型变量(含整数和小数)。例如,在图 11-7 中,创建整型变量 a 和 b,并分别赋值为 123 和 456,接着,创建浮点型变量 c 和 d,并分别赋值为 123.456 和 12345.6789。

图 11-7   创建变量并赋值

如果有需要,可以使用 float()函数将整型变量转换成浮点型变量,也可使用 int()函数将浮点型变量转换成整型变量。当使用 int()函数时,会截去浮点型变量的小数部分,仅仅保留其整数部分。

例如,在图 11-8 中,使用"e＝float(a)"将以上创建的整型变量 a 转换为浮点型变量,并且赋值给变量 e;使用"f＝float(b)"将以上创建的整型变量 b 转换为浮点型变量,并且赋值给变量 f;接着,使用"g＝int(c)"将以上创建的浮点型变量 c 转换为整型变量,并且赋值给变量 g;然后,使用"h＝int(d)"将以上创建的浮点型变量 d 转换为整型变量,并且赋值给变量 h。

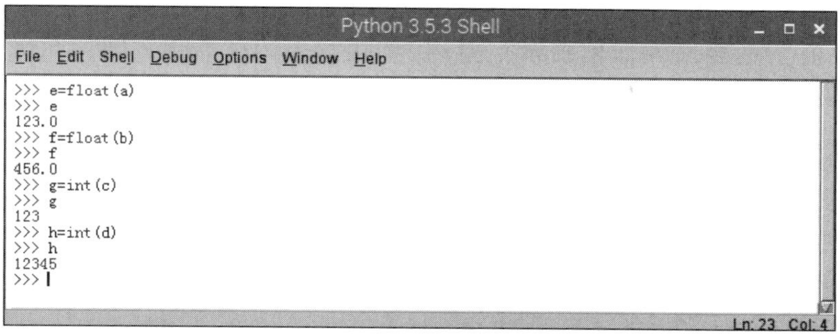

图 11-8　整型变量与浮点型变量的转换

同样，可以使用 float（）函数将字符串型变量转换成浮点型变量，也可使用 int（）函数将字符串型变量转换成整型变量。当使用 int（）函数转换时，字符串变量不能包含小数。

例如，在图 11-9 中，首先，将字符串变量 string 赋值为 12345.6789，然后使用"s1＝int（string）"试图将字符串变量 string 转换为整型变量，并且赋值给变量 s1，结果树莓派返回出错信息，原因是字符串变量 string 所对应的数字并不是整数。

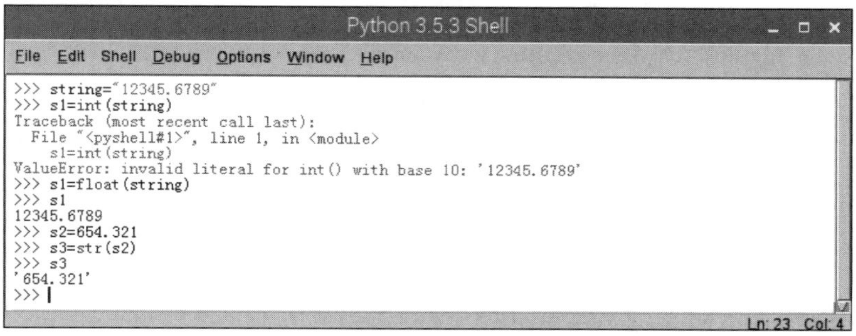

图 11-9　字符串型变量的转换

接着，改用"s1＝float（string）"将字符串变量 string 转换为浮点型变量，并且赋值给变量 s1，则可以正常转换。

反过来，也可以使用 str（）函数将整型变量或浮点型变量转换成字符串型变量。如图 11-9 所示，首先使用"s2＝654.321"创建一个浮点型变量 s2，然后使用"s3＝str（s2）"即可将浮点型变量 s2 转换成字符串，并赋值给变量 s3。

## 实例 55　Python 的输入函数

在 Python 3 中，输入函数 input（）是一个内建函数，其作用是从键盘中读入一个字符串，并自动忽略换行符。也就是说将所有形式的输入都看作字符串处理，如果想得到其他类型的数据，则需要进行强制类型转换。

在默认情况下，如果 input（）函数的括号中没有提示字符串（prompt string），则执行时不会给出提示字符串；反之，在给定提示字符串的情况下，会在等待键盘输入前显示提示字符串。

例如，在图 11-10 中，当输入"a＝input()"命令并按 Enter 键时，将等待键盘输入一个字符串，但是屏幕上不会出现任何提示信息，假如用户输入了 hello，则树莓派会把字符串 hello 保存到变量 a 中。

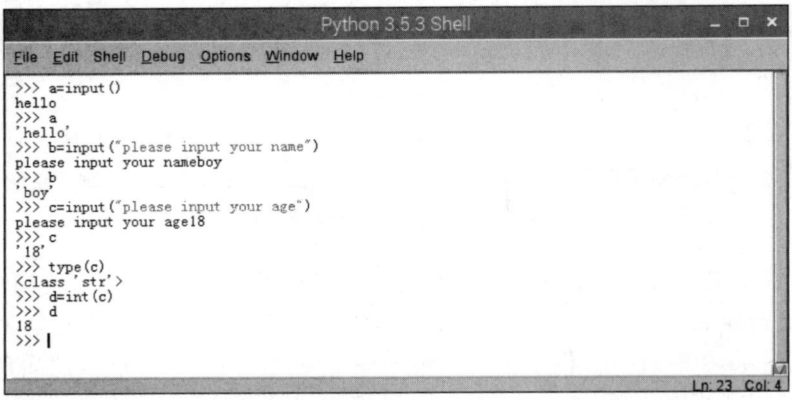

```
                         Python 3.5.3 Shell              _  □  ×
File  Edit  Shell  Debug  Options  Window  Help
>>> a=input()
hello
>>> a
'hello'
>>> b=input("please input your name")
please input your nameboy
>>> b
'boy'
>>> c=input("please input your age")
please input your age18
>>> c
'18'
>>> type(c)
<class 'str'>
>>> d=int(c)
>>> d
18
>>> |
                                                    Ln: 23  Col: 4
```

图 11-10　使用 input()函数输入一个字符串

接着，在图 11-10 中，当输入"b＝input("please input your name")"命令并按 Enter 键时，屏幕上会出现提示信息"please input your name"并等待键盘输入一个字符串，在这里，假如用户输入了 boy，则树莓派将会把字符串 boy 保存到变量 b 中。

接着，在图 11-10 中，当输入"c＝input("please input your age")"命令并按 Enter 键时，屏幕上会出现提示信息"please input your age"并等待键盘输入一个字符串，在这里，假如用户输入了 18，则树莓派会把字符串 18 保存到变量 c 中。此时，使用 type(c)命令，则屏幕上返回信息"＜class "str"＞"，表明变量 c 为字符串型变量。

由于我们希望得到的是整型变量，所以，在这里需要使用"d＝int(c)"命令将字符串变量 c 转换成整型变量 d。

请注意，在 Python 2 和 Python 3 中，input()函数的用法是不一样的。

在 Python 2 中，有 input()和 raw_input()两个函数，其中 raw_input()将所有输入作为字符串看待，返回字符串类型；而 input()函数则同时支持表达式、浮点型数据、字符串型数据，当用户输入的信息为表达式时，只返回其执行结果。

与 Python 2 不同的是，在 Python 3 中，取消了 raw_input()函数，仅保留了 input()函数，并且改变了 input()函数的用法，即将所有用户输入的信息都看作字符串进行处理，并返回一个字符串。

## 实例 56　编写简单的 Python 程序

以上所介绍的 Python 基础知识，都仅仅是在提示符"＞＞＞"后输入一行代码并按 Enter 键来执行。例如给变量赋值，或者输出某个变量的值等。

在 Python 3 的编程环境 IDLE 3 中，可以连续编写多行 Python 代码，并且保存到一个文件中，然后让 Python 按顺序执行这个文件中的代码。这个包含了多行 Python 代码的文件就是 Python 程序。

编写一个简单的 Python 程序的具体步骤如下。

首先，单击菜单中的 File→New File，即打开一个如图 11-11 所示的新建文件窗口。

图 11-11　新建一个简单的 Python 程序

接着，参照图 11-11 输入两行代码，即"a＝input("Please input your name")"和"b＝print("Hi,"＋a)"，然后，单击 File→Save As，并指定文件保存的路径，在本例中，将文件保存的路径设置为/home/pi/，并将文件命名为 name01. py，然后，单击 Save 按钮即可保存文件。

文件保存后，单击 Run→Run Module，即可运行程序，程序运行的结果如图 11-12 所示。

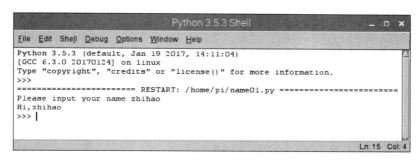

图 11-12　Python 程序运行的结果

如果程序中的代码有错误，当程序运行到错误代码的那一行时会停止运行，并且屏幕上会给出相关的错误提示信息。例如，在如图 11-13 所示的程序，第 2 行代码中的 print()函数中的字母 n 被错误地输入成 m，当树莓派运行到程序第 2 行的时候，就会停止运行，并且会给出如图 11-14 所示的错误提示信息。

图 11-13　存在错误代码的 Python 程序

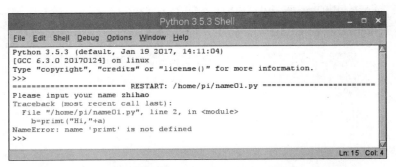

图 11-14　运行包含错误代码时返回的错误信息

图 11-14 表明，文件/home/pi/name01.py 中的第 2 行代码存在错误，即语句"b＝primt("Hi,"＋a)"存在错误，未定义名字为 primt 的对象，正确的代码应为"b＝print("Hi,"＋a)"。

## 实例 57　Python 的循环命令

使用计算机程序的好处之一是，它会不厌其烦地重复执行一个任务。使计算机重复地执行的程序称为循环。

我们可以使用 for 命令或者 while 命令来实现循环。

在 Python 中，for 循环结构称为"记数控制"循环，这是由于循环的任务被设定为执行一定的次数。

例如，在图 11-15 中，使用"for n in range(0,10):"语句定义了一个循环。在这里，使用范围语句 range() 来指定循环执行的条件。请注意，range() 的最后一个值 10 并不包括在范围内，所以 range(0,10) 代表着 0～9 这 10 个自然数，而不是 0～10。

图 11-15　for 循环语句

请注意，在图 11-15 所示的代码中，第 1 行的代码必须用冒号"："结尾，并且第 2 行的代码的第 1 个字符必须向后退 4 个空格。否则，代码运行时会出错。

以上 for 循环语句的运行结果如图 11-16 所示，依次输出 0～9 这 10 个自然数。

我们也可以使用 while 命令来实现循环。while 命令的实例如图 11-17 所示。

在图 11-17 中，首先将变量 n 的初值赋值为 0，然后执行 while 循环语句。在这里，将循环执行的条件设定为"(n＜10)"，即当 n 小于 10 时重复执行循环。在本例中，循环包含两条语句，一条语句是"print(n)"，即输出变量 n 的值，另一条语句是"n＝n＋1"，即将 n 的当前值加 1 并保存回变量 n 中。

请注意，在图 11-17 所示的代码中，第 2 行的代码必须用冒号"："结尾，并且第 3 行和第

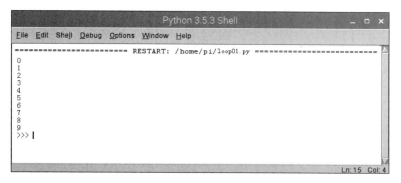

图 11-16　for 循环语句的运行结果

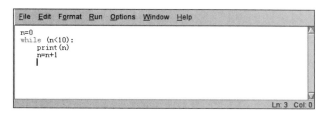

图 11-17　while 循环语句

4 行的代码的第 1 个字符也必须向后退 4 个空格。否则,代码运行时会出错。

以上 while 循环语句的运行结果如图 11-18 所示,同样依次输出从 0～9 这 10 个自然数。

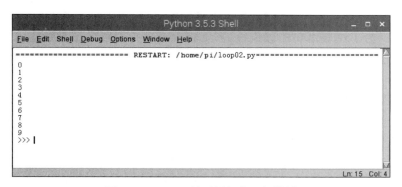

图 11-18　while 循环语句的运行结果

下面,用循环命令来设计一个计算前 100 个正整数的和的 Python 程序,即计算以下算式:

$$1+2+3+\cdots+99+100$$

实现这个求和运算的 Python 程序如图 11-19 所示。

在这个求和程序中使用了两个变量,变量 i 用于控制循环执行的条件,变量 s 用于保存求和的结果。在这里,将循环执行的条件设定为"(i<100)",即当 i 小于 100 时重复执行循环。每执行一次循环,将变量 i 的当前值加 1,将从 1～i 的正整数和的结果保存到变量 s 中,并输出 n 和 s 的当前值。求和程序的运行结果如图 11-20 所示。

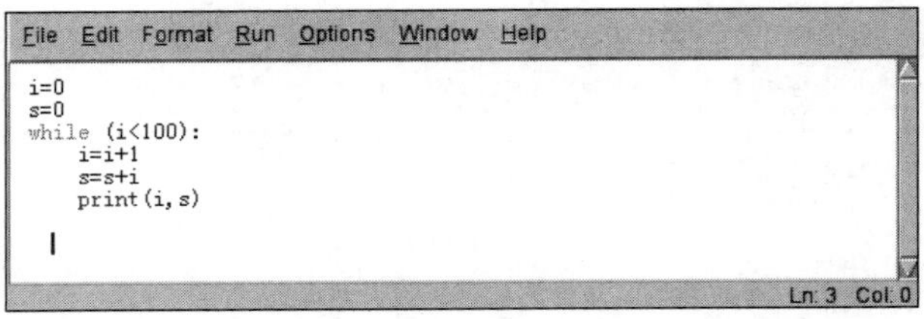

图 11-19　计算前 100 个正整数的和

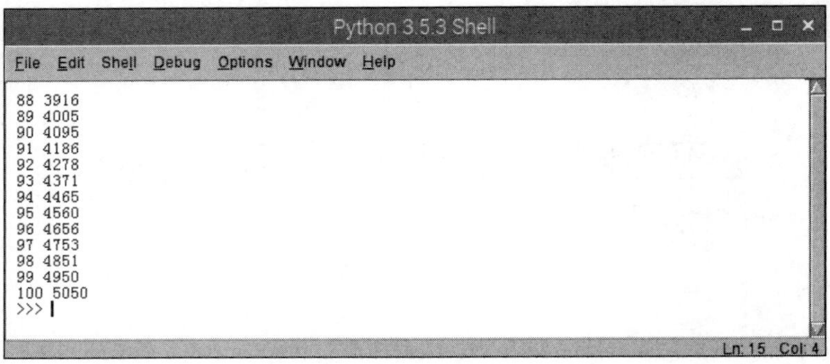

图 11-20　求和程序的运行结果

## 实例 58　Python 的条件命令

在 Python 语言中，通过 if 语句来进行条件判断，可以根据是否符合给定条件来执行不同的代码语句。为了让 if 语句能够执行，需要将希望进行判断的条件放在 if 的后面，并紧接一个冒号。按 Enter 键后，Python 会自动地对下一行进行缩进，随后输入的代码都隶属于本次条件语句中，只有当条件符合时才会执行。

当编写完条件判断的相关代码后，新起一行并使用退格键删除缩进，之后输入的代码就不再隶属于以上的条件语句了，它会在条件判断完成后继续被执行。另外，还可以通过使用 else 语句，来指定不符合条件时所执行的代码。

下面使用 if 语句来编写一个解一元二次方程的程序。输入如图 11-21 所示程序代码。

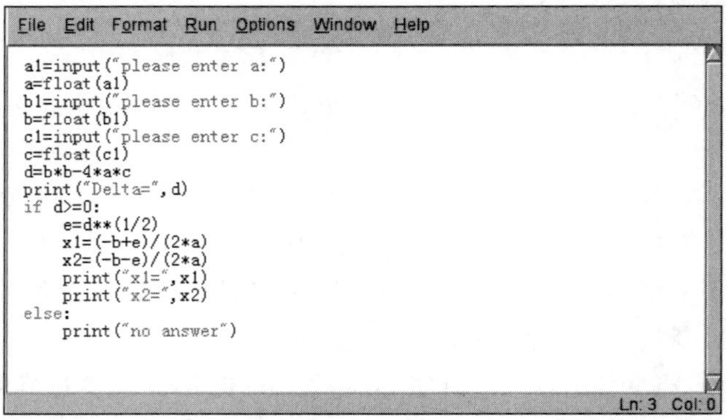

图 11-21　求解一元二次方程的程序

　　在本例中,首先使用 input()语句分别输入字符串型变量 a1、b1、c1,并用 float()函数将它们转换为一元二次方程 $ax^2+bx+c=0$ 中的浮点型变量 a、b、c,然后计算判别式 d 的值。**注意**:在 Python 语言中,乘号要用"$*$"表示,所以要将判别式 d 的计算公式 $d=b^2-4ac$ 改写成 $d=b*b-4*a*c$,以符合 Python 的语法。

　　接着,使用条件语句"if d>=0:",即根据判别式 d 的值是否"大于或者等于零?"来解这个一元二次方程。如果判别式 d 的值大于或者等于零,则方程有两个实数根,程序会计算并显示方程的两个实数根 x1 和 x2;否则,执行"else:"后面的语句,显示"no answer",即此方程无实数解。

　　这个解一元二次方程的 Python 程序的运行结果如图 11-22 所示。

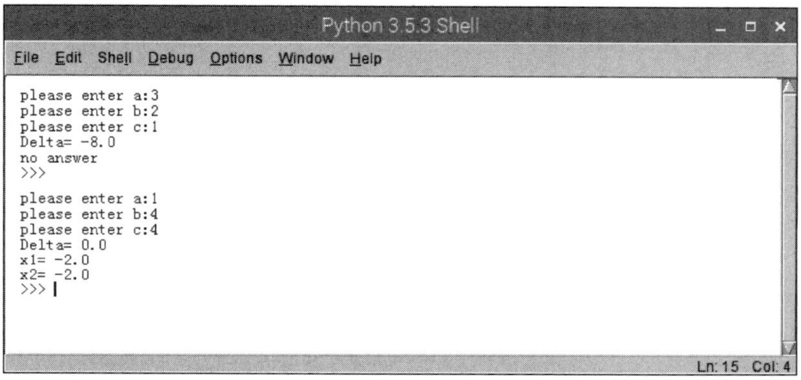

图 11-22　求解一元二次方程的运行结果

　　又如,编写一个成绩档次判断程序,满分为 100 分,当成绩≥90 分判为优秀(excellent),当成绩为 80～89 分判为良好(good),当成绩为 70～79 分判为中等(medium),当成绩为 60～69 分判为及格(pass),当成绩<60 分则判为不及格(fail)。这个程序要求将一个成绩的分数与多个范围的条件进行比较。解决办法之一是将多个 if 语句串联在一起,Python 程序清单如图 11-23 所示。

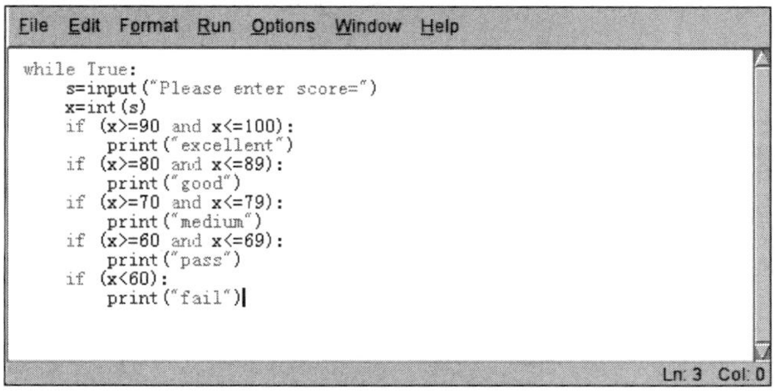

图 11-23　成绩判断程序

　　在图 11-23 所示的 Python 程序中,使用"while True"语句创建了一个无限循环。无限循环是一个不会结束的循环,这样,就可以反复地输入不同的分数,并判断其属于哪一个档次的成绩;接着,使用"s=input("Please enter score=")"语句输入分数并保存到字符串变量 s 中,由于 s 为字符串变量,所以需要用"x＝int(s)"语句将其转换成整型变量;紧接着,使用多条 if 条件语句和相应的 print 语句来对分数进行成绩档次判断。

这个成绩档次判断程序的运行结果如图 11-24 所示。

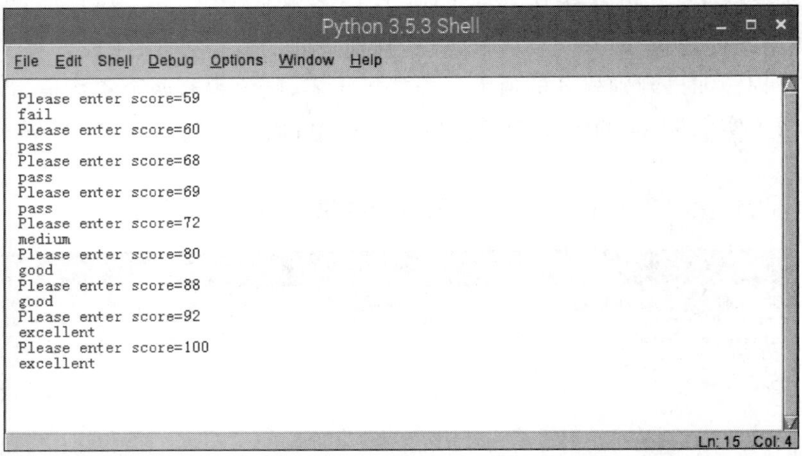

图 11-24　成绩档次判断程序的运行结果

## 实例 59　Python 创建和使用函数

在 Python 语言中,函数是组织好的并且可重复使用的,用来实现单一或相关联功能的代码段。

函数能提高应用的模块性和代码的重复利用率。Python 提供了许多内建函数,例如 input()和 print()等,我们也可以自己创建函数,这被称为用户自定义函数。

**1. 创建一个函数**

在 Python 中,可以根据需要的功能,创建一个新函数,以下是简单的规则:

函数代码块以 def 关键词开头,后接函数标识符名称和圆括号()。

```
def functionname(parameters):
    function_suite
  return [expression]
```

在这里,functionname 是函数的名称,请注意,函数的名称不能与内建函数的名称相同。parameters 是调用函数时传入的参数。任何传入参数和自变量必须放在圆括号中间。圆括号之间可以用于定义参数。

函数的具体内容以冒号开始,并且缩进。

最后,用 return [expression] 结束函数,表达式 expression 返回一个值给调用方。不带表达式的 return 相当于返回 None,即不含返回值。默认情况下,参数值和参数名称是按函数声明中定义的顺序匹配起来的。

**2. 调用一个函数**

调用一个函数的方法是使用函数名,后面紧接圆括号,并且在圆括号中包含相应的参数。当调用这个函数时,函数会根据参数的值进行运算,并返回运算的结果。最后,可以使用赋值语句将运算结果赋值给某个变量保存。

下面以自定义一个立方根函数,来说明函数的定义和调用方法。

首先,如图 11-25 所示,自定义一个名称为 cuberoot 的函数。

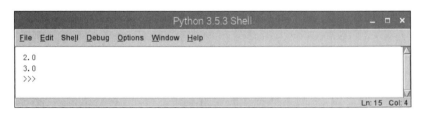

图 11-25　自定义立方根函数

在这里,我们使用"def cuberoot(n):"这一行语句自定义了一个名称为 cuberoot 的函数,这个函数使用了一个参数 n,用来传入需要计算的数值。请注意,这一行语句的最后必须用冒号结尾。

在本例中,函数的内容很简单,只用了一条语句"a＝n＊＊(1/3)"计算立方根。并用 return(a)语句返回计算的结果。

函数定义好以后,就可以随时使用函数的名称来调用函数了。在本例中,共调用了这个自定义的立方根函数 cuberoot()两次。第 1 次使用了"m＝cuberoot(8)"来调用这个函数,计算 8 的立方根,并且用 print(m)输出结果;第 2 次使用了"k＝cuberoot(27)"来调用同一个函数,计算 27 的立方根,并且用 print(k)输出结果。

立方根函数程序的运算结果如图 11-26 所示。

```
Python 3.5.3 Shell

File  Edit  Shell  Debug  Options  Window  Help

2.0
3.0
>>>

                                                          Ln: 15  Col: 4
```

图 11-26　立方根函数程序的运算结果

## 实例 60　Python 对象和面向对象编程

Python 从设计之初就已经是一门面向对象的语言,正因为如此,在 Python 中创建一个类和对象是很容易的。本节我们将简要地介绍 Python 面向对象编程的知识。

如果以前没有接触过面向对象的编程语言,那可能需要先了解一些面向对象语言的基本概念,这样有助于你更容易地学习 Python 的面向对象编程。

类(Class):用来描述具有相同的属性和方法的对象的集合。它定义了该集合中每个对象所共有的属性和方法。对象是类的实例。

类变量:类变量在整个实例化的对象中是公用的。类变量定义在类中且在函数体之外。类变量通常不作为实例变量使用。

数据成员：类变量或者实例变量，用于处理类及其实例对象的相关的数据。

方法：类中定义的函数。

对象：通过类定义的数据结构实例。对象包括两个数据成员（类变量和实例变量）和方法。

### 1．创建类

可以通过 class 关键词来进行类的定义，并为其添加需要的变量和方法。当类被定义之后，可以使用它来创建任意数量的实例对象，每个对象都可以保存各自的数据。

使用 class 语句来创建一个新类时，class 之后为类的名称并用冒号结尾。

如图 11-27 所示，这是创建一个 Python 类的简单例子。

图 11-27　创建一个 Python 类

__init__()是一种特殊的方法，被称为类的构造函数或初始化方法，当创建了这个类的实例时就会调用该方法。

类的方法与普通的函数的区别是，类的方法必须有一个参数 self。self 代表类的实例，self 在定义类的方法时是必须有的，虽然在调用时不必传入相应的参数。

在本例中，只是简单地创建了一个名为 myName 的变量，并为其赋值了一个字符串。然后，定义了一个新的方法 changeName()，使我们能为 myName 变量设置一个新的值。

### 2．使用类

为了使用类，需要在类名之后加上一对圆括号。如果已经为该类预先定义了__init__()方法，那么不要忘记在括号中传递相应的参数。如果__init__()函数定义了返回值，那么实例化的时候就会返回该值，否则返回特殊的空值 none。

当创建完类的实例对象之后，可以通过"．"来访问其变量和方法。如果定义的方法需要参数，那么就在函数名之后的括号中传递它们。

在创建了类 myclass 后，可以调用这个 myclass 类，如图 11-28 所示。

在本例中，首先使用语句"a＝myclass()"调用这个类，接着，使用 print() 函数输出类 a 的附属变量 a．myValiable 的当前值，结果为 0；接着，使用 print() 函数输出类 a 的附属变量 a．myName 的当前值，结果为 John；然后，将变量 a．myValiable 重新赋值为 20 并输出；最后，调用方法 a．changeName()，将变量 a．myName 的值修改为 Marry。

同理，也可以使用语句"b＝myclass()"来调用这个 myclass 类，如图 11-29 所示。

在图 11-29 所示的例子中，通过调用方法 b．changeName()，将变量 b．myName 的值从原来的 John 修改为 Kaite。

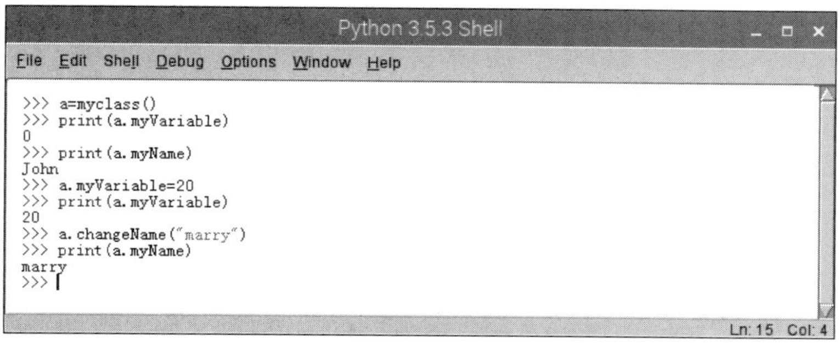


图 11-28　调用 myclass 类

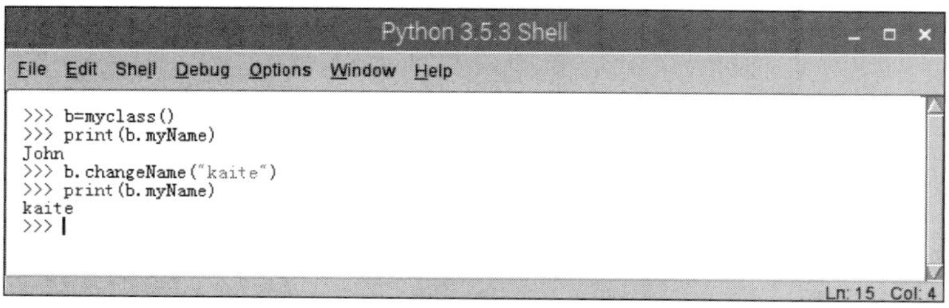


图 11-29　调用 myclass 类的另一个例子

# 第 12 章

# 树莓派游戏编程入门

## 实例 61　用 Python 编写猜谜语游戏程序

在以上的例子中,我们介绍了 Python 编程的入门知识。在本例中,将继续学习 Python 语言列表的知识,并且学习如何使用列表编写一个猜谜语的游戏程序。

列表被用来保存成组的数据,可以向列表中存放数据,并且可以通过数据的索引值来取出数据。列表中保存的数据,可以是数字或字符串,也可以是更复杂的数据。

创建一个列表时,首先要将所有数据元素放入一对中括号中,并将每个元素用逗号隔开。列表是可变的数据结构,这意味着可以随时改变其中的内容。

在本例中,需要编写一个包含 3 个谜语的猜谜语程序。

图 12-1 所示,首先,定义一个列表 question 来保存谜面,存入三个类型为字符串的谜面。紧接着,定义一个 answer 列表来保存相应的三个类型为字符串的谜底。使用变量 i 来表示谜语的索引值,i 为从 0 开始的自然数,即列表变量 question[i] 表示该索引值对应的谜面,而列表变量 answer[i] 表示该索引值对应的谜底。

```
File  Edit  Format  Run  Options  Window  Help
question=['有个老公公，天亮就出工，傍晚才收工，无论春夏秋冬。', \
         '有时挂在树梢，有时落在山腰，有时藏面圆镜，有时像把镰刀。', \
         '太阳公公本领强，天空水汽当纸张，画上一座大彩桥，高高挂在蓝天上。']
answer=['太阳','月亮','彩虹']
for i in range(0,3):
    print(question[i])
    key=input("请输入答案")
    if key==answer[i]:
        print("猜对了！你真棒！")
    else:
        print("很遗憾！猜错了！")
                                                    Ln: 3  Col: 0
```

图 12-1　猜谜语程序的源代码

请注意,如果某一行的 Python 代码太长,一行写不完,则要在该行结尾处加上一个反斜杠符号"\",并在下一行继续填写其余的代码。如果两行仍然写不完,可以继续使用反斜杠符号"\"来换行。

　　然后,使用一个 for 循环语句来逐次显示谜面并猜谜,即每次在屏幕上显示一条谜面并等待用户输入答案。在这里,使用语句"if key==answer[i]"来判断输入的答案是否正确,其中,比较两个字符串是否完全相等需要使用双等号"=="。

　　以上猜谜语程序的运行结果如图 12-2 所示。

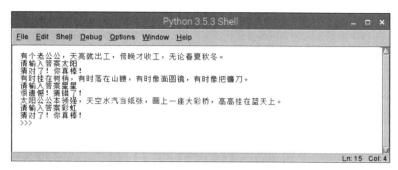

图 12-2　猜谜语程序的运行结果

　　以上的 Python 猜谜语程序过于简单,无论对错,每个谜语都仅提供一次猜谜的机会。因此,需要对这个猜谜语程序加以改进,使得每一个谜语最多可以猜 3 次。如果猜对了就转到下一个谜语;如果猜了 3 次仍然错误,则给出谜底并转到下一个谜语。

　　改进后的猜谜语程序如图 12-3 所示。

```
question=['有个老公公，天亮就出工，傍晚才收工，无论春夏秋冬。',\
'有时挂在树梢，有时落在山腰，有时像面圆镜，有时像把镰刀。',\
'太阳公公本领强，天空水汽当纸张，画上一座大彩桥，高高挂在蓝天上。']
answer=['太阳','月亮','彩虹']
n=0
i=0
while i<3:
    print(question[i])
    key=input("请输入答案")
    if key==answer[i]:
        print("猜对了！你真棒！")
        i=i+1
        n=0
    else:
        n=n+1
        print("猜错了，已经猜了"+str(n)+"次")
        if n>=3:
            print("对不起！你已经猜了3次，还是没有猜中。")
            print("谜底是："+answer[i])
            i=i+1
            n=0
        else:
            print("请继续猜")
```

图 12-3　改进后的猜谜语程序源代码

　　在图 12-3 所示的程序中,使用变量 i 来表示谜语的索引值,并且使用变量 n 表示某一个谜语已经猜过的次数,i 和 n 这两个变量的初值都设置为 0。如果猜对了,将变量 i 的数值加 1,并将变量 n 的值重置为 0,然后跳到下一个谜语;如果猜错了,则将变量 n 的数值加 1 并放回变量 n,并且让用户继续猜同一个谜语。如果 n 的数值大于或等于 3,则显示"对不起! 你已经猜了 3 次,还是没有猜中。",直接给出谜底并跳到下一个谜语。

　　改进后的猜谜语程序运行结果如图 12-4 所示。

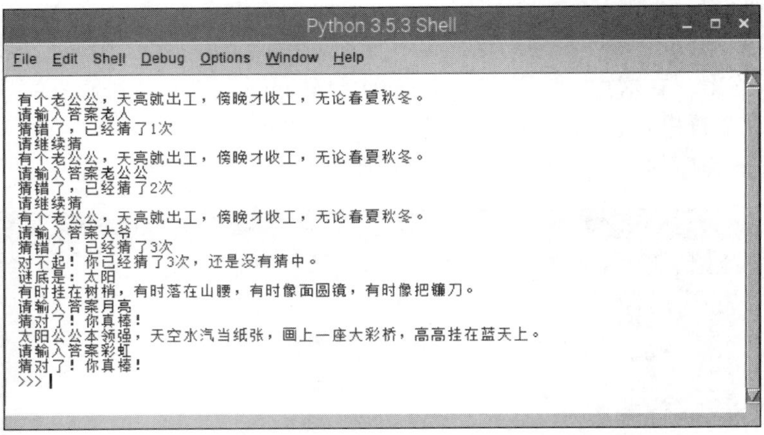

图 12-4　改进后的猜谜语程序运行结果

## 实例 62　用 random 模块生成一个随机数

在这里,我们首先需要理解模块的基本概念。在计算机程序设计中,模块是指一段预先编写好的计算机程序。我们可以使用模块来对代码进行包装和重用。有了预先编写好的模块,我们就可以直接在自己编写的程序中调用各种模块了。

在 Python 语言中,模块需要通过 import 语句来加载。import 语句通常要放在 Python 程序的最前面。

在 Python 语言中,random 模块是专门产生一个随机数的模块。

例如,在图 12-5 中,首先使用“import random”命令加载 random 模块,然后就可以使用 random. randint(1,10)命令来随机地生成一个 1～10 的正整数。把第二行命令反复地执行多遍就会发现,每次执行的结果并不是同样的正整数,而是 1～10 的随机整数。

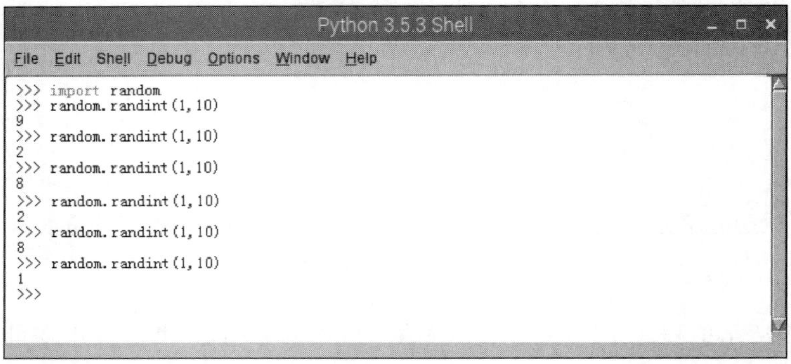

图 12-5　产生 1～10 的随机数

又如,如果需要产生 10 个位于 1～100 之间的随机的正整数,可以使用如图 12-6 所示的 Python 程序。在这里,使用 for 循环语句,并用变量 i 作为循环的计数。

以上产生 10 个随机数的 Python 程序的运行结果如图 12-7 所示。

```
File  Edit  Format  Run  Options  Window  Help

import random
for i in range(1,11):
    random_number = random.randint(1,100)
    print(random_number)

Ln: 3  Col: 0
```

图 12-6　产生 10 个随机数的程序

```
Python 3.5.3 Shell
File  Edit  Shell  Debug  Options  Window  Help

93
49
80
89
62
64
10
27
2
74
>>>
```

图 12-7　产生 10 个随机数程序的运行结果

# 实例 63　用 Python 编写猜数游戏程序

在实例 62 中，介绍了使用 random 模块产生一个随机数的方法。在本例中，继续介绍如何编写一个猜数游戏程序。

在这个猜数游戏程序中，首先由计算机随机地产生一个位于 1～999 之间的正整数，接着让游戏者通过键盘输入他(她)所猜的数，如果游戏者所猜的数比正确的答案大，则计算机会提示所猜的数比答案大；反之，如果游戏者所猜的数比正确的答案小，则计算机会提示所猜的数比答案小，然后让游戏者继续猜，直到游戏者猜中这个数为止。

完整的 Python 猜数游戏程序如图 12-8 所示。

```
File  Edit  Format  Run  Options  Window  Help

import random
i=0
random_number = random.randint(1,999)
while True:
    i=i+1
    say = print("This is your "+ str(i) +" times guess.")
    answer = int(input("Please enter answer"))
    if answer > random_number:
        print("Your answer is too large, please try again.")
    if answer < random_number:
        print("Your answer is too small, please try again.")
    if answer == random_number:
        print("Your answer is correct, very good!")
        print("  ")
        print("Please try guess another number")
        print("  ")
        i=0
        random_number = random.randint(1,999)
```

图 12-8　猜数游戏程序

在这个 Python 猜数游戏程序中,每一行代码的具体功能说明如下。

第 1 行语句导入 random 模块。

第 2 行语句定义了一个整型变量 i,初值设置为 0,用来记录游戏者猜的次数。

第 3 行语句随机地产生一个位于 1～999 之间的正整数,并且保存到变量 random_number 中。

第 4 行语句定义了一个循环,用于游戏者重复地猜数。

第 5 行语句将整型变量 i 的当前值加 1,即每执行 1 次循环,将变量 i 的计数值加 1。

第 6 行语句显示这是第几次猜数。

第 7 行语句提示"Please enter answer"并等待游戏者通过键盘输入所猜的数,然后保存到变量 answer 中。

第 8 行和第 9 行语句判断游戏者所输入的数(answer)是否大于答案(random_number),如果是的话,则显示"Your answer is too large, please try again."(你的答案过大了,请再次尝试)。

第 10 行和第 11 行语句判断游戏者所输入的数(answer)是否小于答案(random_number),如果是的话,则显示"Your answer is too small, please try again."(你的答案过小了,请再次尝试)。

第 12 行和第 13 行语句判断游戏者所输入的数(answer)是否等于答案(random_number),如果是的话,则显示"Your answer is correct, very good!"(你的答案正确,很好!)。

第 14 行语句显示一个空行。

第 15 行语句显示"Please try guess another number."(请猜另一个数)。

第 16 行语句显示一个空行。

第 17 行语句将记录次数的变量 i 重置为 0。

第 18 行语句生成一个位于 1～999 之间的新的随机数,并且保存到变量 random_number 中。

当第 18 行语句执行完之后,跳回到第 4 行,重复执行循环。即通过循环让游戏者再次猜数,并且根据有关的提示信息猜出正确的答案。

这个猜数游戏程序的运行示例如图 12-9 所示。

玩这个猜数游戏程序时,为了尽快找到正确的答案,可以采用折半区间法,即根据游戏程序的提示信息逐次地缩小所猜的数所在的区间范围,直到猜中答案为止。

在图 12-9 所示的示例中,第 1 次折半,填写 1～999 的中间数 500,结果显示过大了,即正确的答案应位于 1～500 之间;

第 2 次折半,填写 1～500 的中间数 250,结果仍然显示过大了,即正确的答案应位于 1～250 之间;

第 3 次折半,填写 1～250 的中间数 125,结果仍然显示过大了,即正确的答案应位于 1～125 之间;

第 4 次折半,填写 1～125 的中间数 62,结果仍然显示过大了,即正确的答案应位于 1～62 之间;

第 5 次折半,填写 1～62 的中间数 31,结果仍然显示过大了,即正确的答案应位于 1～31

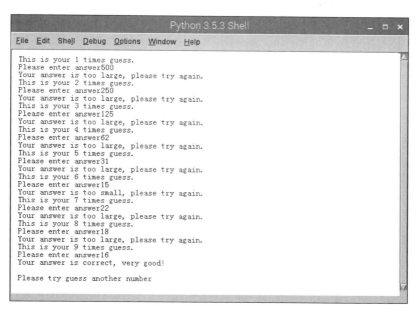

图 12-9　猜数游戏程序的运行示例

之间；

……

以此类推，每多猜 1 次，就用折半区间法将所猜的数所在的区间缩小一半，直到猜出正确的答案为止。

## 实例 64　认识 pygame 游戏开发平台

以上所介绍的猜谜语游戏和猜数游戏，都是文字类游戏，而更能吸引玩家目光的，往往是动画类的游戏。如果需要设计动画类游戏，则可以通过 pygame 模块来编程实现。pygame 的标志如图 12-10 所示。

图 12-10　pygame 的标志

准确地说，pygame 是一个游戏开发平台，它提供了许多实用的游戏开发工具。借助pygame，在屏幕上显示背景图片、显示游戏角色的动画以及监听鼠标或键盘的事件等，都可以轻松地实现。

pygame 是跨平台 Python 模块，专为电子游戏设计，包括图像、声音。它建立在 SDL（Simple Directmedia Layer）基础上，允许实时电子游戏研发而无须被低级语言束缚，开发者可以把精力放在游戏的架构上。

pygame 的主要模块介绍如下。

1）pygame

pygame 模块会自动导入其他的 pygame 相关模块。pygame 模块包括 surface()函数，可以返回一个新的 surface 对象。init()函数是 pygame 游戏的核心，必须在进入游戏的主循环之前调用。init()会自动初始化其他所有模块。

2）pygame. locals

pygame. locals 包括在 pygame 模块作用域内使用的名字（变量）。包括事件类型、键和视频模式等的名字。

3）pygame. display

pygame. display 包括处理 pygame 显示方式的函数，包括普通窗口和全屏模式。pygame. display 中一些常用的方法如下。

flip()：更新显示。

update()：更新屏幕上显示的图形。

set_mode()：设定显示的类型和尺寸。

set_caption()：设定 pygame 窗口的标题。

get_surface()：调用 flip 和 blit 前返回一个可用于画图的表面（surface）对象。

4）pygame. font

pygame. font()包括 font()函数，用于设定文字不同的字体。

5）pygame. sprite

pygame. sprite 即游戏精灵，被 group 对象用作 sprite 对象的容器。调用 group 对象的 update 对象，会自动调用所有 sprite 对象的 update()方法。

6）pygame. mouse

pygame. mouse 用于隐藏鼠标符号，或者获取鼠标位置。

7）pygame. event

pygame. event 用于追踪鼠标单击、按键按下和释放等事件。

8）pygame. image

pygame. image 用于处理保存在 GIF、PNG 或者 JPEG 等格式文件内的图像。

## 实例 65　用 pygame 绘制几何图形

开发 pygame 的目的正是为了让图形和动画的创建变得更容易。对于大多数游戏的设计任务而言，主要的精力往往花在响应玩家的输入以及对游戏角色的图案的刷新绘制上，并且不断地重复这个循环。在每一个循环中都会在屏幕上重新绘制游戏角色的图案。

在 pygame 中，表面（surface）是指屏幕上可以进行绘图的区域，pygame 图片的加载是通过调用 pygame. image. load()函数来实现的，它会返回一个可用的表面对象。尽管图片源文件的格式可能各不相同，但是表面对象会将这些差异隐藏、封装起来。我们可以对表面对象进行绘制、填充、变形以及复制等多种操作。

在 pygame 中包含了一系列用于处理基本图形的函数，使我们可以轻松地绘制圆形、长方形、多边形等几何图形。当绘制图形时,可以定义绘制线条的粗细,还可以对图形填充指定的颜色。

在 pygame 中绘制图形之前,必须使用 pygame. display. get_surface()函数来创建游戏主窗口所对应的表面。接着,可以使用 surface. fill()函数向表面填充背景颜色。

在表面上绘制圆形需要使用 pygame. draw. circle()函数,具体包括五个参数:①绘制圆形对应的表面的名称。②圆形线条的颜色,如红色[255,0,0]。③圆心的横坐标和纵坐标。④半径。⑤圆形线条的宽度,如果取值为 0 表示圆内全部被参数②指定的颜色填充。

绘制圆形典型的示例代码如下:

```
pygame.draw.circle(screen,(255,0,0),(100,100),30,0)
```

以上 Python 代码的功能是在名称为 screen 的表面对象上绘制一个圆形,线条的颜色为红色[255,0,0],圆心的横坐标和纵坐标分别为 100 和 100,半径为 30,并用红色填充整个圆形。

一个用 pygame 模块绘制圆形的完整的 Python 程序如图 12-11 所示。

```
File  Edit  Format  Run  Options  Window  Help
import pygame
import sys
from pygame.locals import *
from random import randint
pygame.init()

awindow=pygame.display.set_mode((400,300))
pygame.display.set_caption("Hello pygame")
surface=pygame.display.get_surface()

clock=pygame.time.Clock()

while True:
    clock.tick(30)
    for event in pygame.event.get():
        if event.type==QUIT:
            pygame.quit()
            quit()
    surface.fill((255,255,255))
    r=randint(0,255)
    g=randint(0,255)
    b=randint(0,255)
    color=pygame.Color(r,g,b)
    pygame.draw.circle(surface,color,(200,160),80,0)
    pygame.display.update()
```

图 12-11　绘制圆形的 Python 程序

在以上 Python 程序中,第 1 行语句加载 pygame 模块。

第 2 行语句加载 sys 模块,这个模块包含本例所需的 quit()方法。

第 3 行语句加载 pygame 模块的相关模块。

第 4 行语句加载 random 模块,用于产生随机数。

第 5 行语句对 pygame 模块进行初始化。

第 6 行语句为空行。

第 7 行语句定义窗口的高度和宽度为 400×300。

第 8 行语句设置窗口的标题为“Hello Pygame”。

第 9 行语句定义表面对象,用于后面的代码在表面上绘制图形。

第 10 行语句为空行。

第 11 行语句对时钟进行初始化。

第 12 行语句为空行。

第 13 行语句创建一个永远保持运行状态的循环。

第 14 行语句设置时钟的触发间隔为每秒 30 次。

第 15 行语句检测键盘和鼠标事件。

第 16～18 行语句判断事件是否为关闭窗口事件,如果是则退出程序。

第 19 行语句填充表面为白色。

第 20～23 行语句生成一个随机的颜色,并将颜色值保存到变量 color 中。

第 24 行语句绘制一个圆心位于坐标(200,160)半径为 80 的圆,并且填充颜色 color。

第 25 行语句更新表面,即对表面进行重新绘制。

第 25 行语句执行后,跳到第 13 行,重复执行循环。

以上绘制圆形程序的运行结果如图 12-12 所示,每次绘制不同颜色的圆形。

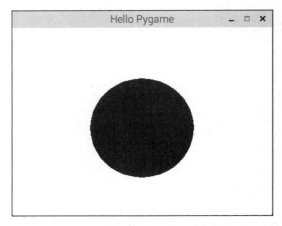

图 12-12　绘制圆形程序的运行结果

在表面上绘制长方形需要使用 pygame. draw. rect()函数。pygame. draw. rect()函数包含 4 个参数：①表面对象名称。②线条的颜色。③长方形左上角的横坐标和纵坐标、长方形的长和宽。④线条的宽度。绘制长方形典型的示例代码如下:

pygame. draw. rect(screen,(255,0,0),(250,150,300,200),0)

以上 Python 代码的功能是在名称为 screen 的表面对象上绘制一个长方形,线条的颜色为红色[255,0,0],长方形左上角的横坐标和纵坐标分别为 250 和 150,长和宽分别为 300 和 200,并用红色填充整个长方形。

一个用 pygame 模块绘制长方形的完整的 Python 程序如图 12-13 所示。

在以上 Python 程序中,第 1 行语句加载 pygame 模块。

第 2 行语句加载 sys 模块,这个模块包含本例所需的 quit()方法。

第 3 行语句加载 pygame 模块的相关模块。

第 4 行语句加载 random 模块,用于产生随机数。

```
File Edit Format Run Options Window Help
import pygame
import sys
from pygame.locals import *
from random import randint
pygame.init()

screen = pygame.display.set_mode((600,600))
pygame.display.set_caption("Hello pygame")
surface=pygame.display.get_surface()

clock=pygame.time.Clock()

while True:
    clock.tick(30)
    for event in pygame.event.get():
        if event.type==QUIT:
            pygame.quit()
            quit()
    surface.fill((255,255,255))
    r=randint(0,255)
    g=randint(0,255)
    b=randint(0,255)
    color=pygame.Color(r,g,b)
    position_width_height = (randint(0,500), randint(0,500),randint(0,500), randint(0,500))
    pygame.draw.rect(screen, color, position_width_height, 0)
    pygame.display.update()
```

图 12-13  绘制长方形的程序

第 5 行语句对 pygame 模块进行初始化。

第 6 行语句为空行。

第 7 行语句定义窗口的高度和宽度为 600 和 600。

第 8 行语句设置窗口的标题为"Hello pygame"。

第 9 行语句定义表面对象,用于后面的代码在表面上绘制图形。

第 10 行语句为空行。

第 11 行语句对时钟进行初始化。

第 12 行语句为空行。

第 13 行语句创建一个永远保持运行状态的循环。

第 14 行语句设置时钟的触发间隔为每秒 30 次。

第 15 行语句检测键盘和鼠标事件。

第 16~18 行语句判断事件是否为关闭窗口事件,如果是则退出程序。

第 19 行语句填充表面为白色。

第 20~23 行语句生成一个随机的颜色,并将颜色值保存到变量 color 中。

第 24 行语句随机地生成长方形左上角的坐标、宽度和高度,并将各参数保存到变量 position_width_height 中。

第 25 行语句绘制长方形,并填充颜色 color。

第 26 行语句更新表面,即对表面进行重新绘制。

第 26 行语句执行后,跳到第 13 行,重复执行循环。

以上绘制长方形程序的运行结果如图 12-14 所示,每次随机地在不同的位置上绘制大小不等、颜色各异的长方形。

图 12-14　绘制长方形程序的运行结果

## 实例 66　用 pygame 显示文字

除了使用 pygame 模块在屏幕上绘制图形以外,也可以使用 pygame 模块在屏幕上显示文字。

要将文字正确地放到表面上,需要使用 pygame. font. Font( )函数创建一个字体对象,然后使用字体对象的 font. render( )函数将文字渲染为图形,最后使用 blit( )函数显示渲染生成的图形。

用 pygame 模块显示文字的示例程序如图 12-15 所示。

```
File  Edit  Format  Run  Options  Window  Help

import pygame
from pygame.locals import *

pygame.init()

screen = pygame.display.set_mode((400,300))
pygame.display.set_caption("Hello Pygame")
surface=pygame.display.get_surface()
surface.fill((255,255,255))

font=pygame.font.Font(None,36)
text1=font.render("Welcome to Pygame",1,(100,121,200))
screen.blit(text1,(100,100))
pygame.display.update()
```

图 12-15　用 pygame 模块显示文字

在图 12-15 所示的程序中,第 1 行语句加载 pygame 模块。

第 2 行语句加载 pygame 模块的相关模块。

第 3 行语句为空行。

第 4 行语句为初始化 pygame 模块。

第 5 行语句为空行。

第 6 行语句创建一个 400×300 的窗口。

第 7 行语句设置窗口的标题为"Hello Pygame"。

第 8 行语句创建一个表面对象。

第 9 行语句将表面对象的背景填充为白色。

第 10 行语句为空行。

第 11 行语句创建一个字体对象,字体为默认字体 None,并将字体大小设置为 36。

第 12 行语句将要显示的文字指定为"Welcome to pygame",将文字颜色的 RGB 代码指定为(100,121,200),即为浅蓝色,然后渲染为图形。

第 13 行语句使用 blit()函数将图形绘制到窗口中坐标为(100,100)的位置上。

第 14 行语句更新表面,即对表面进行重新绘制。

以上程序的运行结果如图 12-16 所示,在屏幕上显示浅蓝色的文字"Welcome to pygame"。

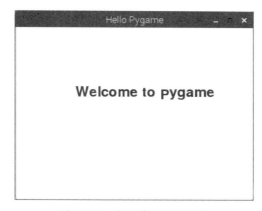

图 12-16　在屏幕上显示文字

## 实例 67　用 pygame 显示图片

使用 pygame 模块在屏幕上显示图片之前,首先需要用 pygame.image.load()函数来加载图片。这个函数可以支持 JPG、PNG、GIF、BMP、PCX、TIF、TGA 等多种图片格式。

例如,加载一个名称为 space.png 的图片,其 Python 代码如下:

```
space = pygame.image.load("space.png").convert_alpha()
```

convert_alpha()方法会使用透明的方法绘制前景对象,因此在加载一个有 alpha 通道的图像文件时(比如 PNG 和 TGA 格式文件),需要使用 convert_alpha()方法,当然普通的图片也是可以使用这个方法的,用了也不会产生什么副作用。

图片加载完成之后，可以使用 Surface 对象的 blit() 函数显示图片。命令格式如下：

```
screen.blit(photo,(x,y))
```

blit() 函数有两个参数，第一个参数 photo 是用 convert_alpha() 方法加载的图片文件，第二个参数是图片左上角的坐标。

用 pygame 模块显示图片的示例程序如图 12-17 所示。

```
File  Edit  Format  Run  Options  Window  Help

import sys, random, math, pygame
from pygame.locals import *

pygame.init()
screen = pygame.display.set_mode((800,800))
pygame.display.set_caption("Star Space")

space = pygame.image.load("space.jpg").convert_alpha()

while True:
    for event in pygame.event.get():
        if event.type == QUIT:
            pygame.quit()
            quit()

    screen.blit(space, (0,0))
    pygame.display.update()
```

图 12-17　用 pygame 模块显示图片

在图 12-17 所示的程序中，第 1 行语句加载 pygame、sys、math 和 random 等模块。

第 2 行语句加载 pygame 模块的相关模块。

第 3 行语句为空行。

第 4 行语句为初始化 pygame 模块。

第 5 行语句创建一个大小为 800×800 的窗口。

第 6 行语句设置窗口的标题为"Star Space"。

第 7 行语句为空行。

第 8 行语句加载文件名为 space.jpg 的图片文件。

第 9 行语句为空行。

第 10 行语句创建一个永远保持运行状态的循环。

第 11 行语句检测键盘和鼠标事件。

第 12～14 行语句判断事件是否为关闭窗口事件，如果是则退出程序。

第 15 行语句为空行。

第 16 行语句使用 blit() 函数显示图片。

第 17 行语句更新表面，即对表面进行重新绘制。

第 17 行语句执行后，跳到第 10 行，重复执行循环。

以上显示图片程序的运行效果如图 12-18 所示。

如果需要同时显示多幅图片，方法也很简单，只要首先使用 pygame.image.load() 函数分别加载这些图片，然后再分别使用 blit() 函数显示这些图片即可。

例如，同时显示 space.jpg 和 target.png 这两幅图片的程序如图 12-19 所示。这个程序很简单，请读者自行分析有关代码。其运行效果如图 12-20 所示。

图 12-18　显示图片程序的运行效果

```
File  Edit  Format  Run  Options  Window  Help
import pygame

pygame.init()
screen=pygame.display.set_mode((600,600))
background=pygame.image.load("space.jpg").convert_alpha()
target=pygame.image.load("target.png").convert_alpha()
screen.blit(background,(0,0))
screen.blit(target,(150,150))
while True:
    pygame.display.update()
```

图 12-19　同时显示两幅图片的示例程序

图 12-20　同时显示两幅图片的示例程序的运行效果

## 实例 68　用 pygame 检测键盘和鼠标事件

可以使用 pygame. event. get()函数来检测键盘的当前状态是否改变,当用户按下某一个按键时,Python 会产生一个类型为 KEYDOWN 的事件。此时,可以通过 event. key 来得知此按键的编码,也可以用 event. unicode 得知此按键对应的字符。

检测键盘事件的示例程序如图 12-21 所示。这个程序可以用键盘控制方块的移动,即通过监听键盘的状态,用四个方向键改变方块在图中的位置。当按下退出键 Esc 时,则结束程序。

```
File  Edit  Format  Run  Options  Window  Help

import pygame, sys
pygame.init()

x=300
y=300
d=10

surface = pygame.display.set_mode((600, 600))
pygame.display.set_caption('Pygame Keyboard')

while True:
    surface.fill((255, 255, 255))
    pygame.draw.rect(surface, (255, 0, 0), (x, y, 30, 30))

    for event in pygame.event.get():
        if event.type == pygame.KEYDOWN:
            print(event.key)
            if event.key == pygame.K_LEFT:
                x=x-d
            if event.key == pygame.K_RIGHT:
                x=x+d
            if event.key == pygame.K_UP:
                y=y-d
            if event.key == pygame.K_DOWN:
                y=y+d
            if event.key == pygame.K_ESCAPE:
                pygame.quit()
                sys.exit()
    pygame.display.update()
```

图 12-21　检测键盘事件的示例程序

在图 12-21 所示的 Python 程序中,第 1 行语句加载 pygame 和 sys 模块。

第 2 行语句初始化 pygame 模块。

第 3 行语句为空行。

第 4 行语句定义方块初始位置的横坐标 x。

第 5 行语句定义方块初始位置的纵坐标 y。

第 6 行语句定义方块每次移动的距离。

第 7 行语句为空行。

第 8 行语句创建一个表面对象,窗口大小为 600×600。

第 9 行语句设置窗口标题为"Pygame Keyboard"。

第 10 行语句为空行。

第 11 行语句创建一个永远保持运行状态的循环。

第 12 行语句将表面对象填充为白色。

第 13 行语句在表面对象的坐标(x,y)处绘制一个大小为 30×30 的方块。

第 14 行语句为空行。

第 15 行语句检测 pygame 键盘或鼠标事件。

第 16 行语句判断事件的类型是否为按下了某个键的事件,如果是,则执行第 17 行～28 行的语句。

第 17 行语句显示按键所对应的编码。

第 18～19 行语句判断用户是否按下了向左的方向键"←"(编码为 276),如果是,则将方块左移 1 次。

第 20～21 行语句判断用户是否按下了向右的方向键"→"(编码为 275),如果是,则将方块右移 1 次。

第 22～23 行语句判断用户是否按下了向上的方向键"↑"(编码为 273),如果是,则将方块上移 1 次。

第 24～25 行语句判断用户是否按下了向下的方向键"↓"(编码为 274),如果是,则将方块下移 1 次。

第 26～28 行语句判断用户是否按下了退出键"Esc"(编码为 27),如果是,则结束程序。

第 29 行语句刷新表面对象,即重新绘制方块。

第 29 行语句执行后,将跳回第 11 行语句,重新执行循环。

以上检测键盘事件的示例程序运行的效果如图 12-22 和图 12-23 所示。

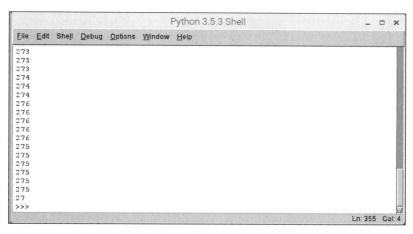

图 12-22 显示按键所对应的编码

也可以使用 pygame.event.get()函数来检测鼠标的当前状态是否改变,当用户移动鼠标或者单击鼠标的某个按键时,都会触发一个 MOUSEMOTION 或 MOUSEDOWN 事件。此时,可以通过函数 pygame.mouse.get_pos()来获得当前鼠标指针的坐标,同时也可以用 pygame.mouse.get_press()函数来获得当前按下了鼠标的哪一个按键。

检测鼠标事件的示例程序如图 12-24 所示。这个程序绘制一个会自动跟随鼠标移动的圆形,即在主循环中不断检测鼠标指针的坐标,并且以这个坐标为圆心画一个圆。

在图 12-24 所示的 Python 程序中,第 1 行语句加载 pygame 模块。

第 2 行语句加载 sys 模块。

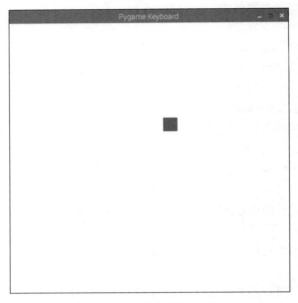

图 12-23　用方向键移动方块

```
File  Edit  Format  Run  Options  Window  Help
import pygame
import sys
from pygame.locals import *
from random import randint
pygame.init()

screen = pygame.display.set_mode((600,600))
pygame.display.set_caption("Hello pygame")
surface=pygame.display.get_surface()

while True:
    for event in pygame.event.get():
        surface.fill((255,255,255))
        r=50
        color=pygame.Color(255,0,0)
        position_mouse_x,position_mouse_y = pygame.mouse.get_pos()
        position=(position_mouse_x,position_mouse_y)
        pygame.draw.circle(screen, color, position, r, 3)
        left_button,mid_button,right_button=pygame.mouse.get_pressed()
        if right_button:
            pygame.quit()
            sys.exit()
    pygame.display.update()
```

图 12-24　跟随鼠标移动的圆形的程序

第 3 行语句加载 pygame 的相关模块。

第 4 行语句加载 random 模块。

第 5 行语句初始化 pygame 模块。

第 6 行语句为空行。

第 7 行语句定义一个大小为 600×600 的窗口。

第 8 行语句设置窗口的标题为 "Hello pygame"。

第 9 行语句创建一个表面对象。

第 10 行语句为空行。

第 11 行语句创建一个永远保持运行状态的循环。

第 12 行语句检测是否有键盘或鼠标事件，如果有就执行第 13～21 行的语句，否则不执行这几行语句。

第 13 行语句将表面对象填充为白色。

第 14 行语句将圆的半径 r 设置为 50。

第 15 行语句将圆的颜色设置为红色。

第 16、17 行语句取出当前鼠标指针的坐标，并保存到变量 position 中。

第 18 行语句以 position 为圆心，r 为半径，线条宽度为 3 绘制一个圆。

第 19 行语句检测是否单击了鼠标某个按键，并保存结果。

第 20～22 行语句判断是否右击，如果是则退出程序。

第 23 行语句刷新屏幕，重新绘制圆形。

第 23 行语句执行后，将跳回第 11 行语句，重新执行循环。

以上检测鼠标事件的示例程序的运行效果如图 12-25 所示。当用户移动鼠标指针时，可以发现圆形会自动地跟随鼠标移动，如果右击，则会退出程序。

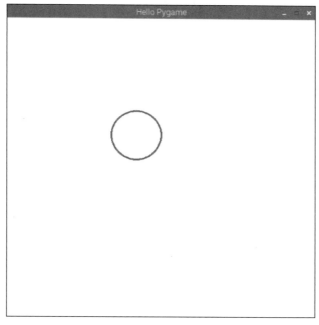

图 12-25　跟随鼠标移动的圆形的程序的运行效果

## 实例 69　用 pygame 播放声音

在 pygame 中，我们可以使用混音器模块的 pygame.mixer.Sound()函数加载 WAV 格式的声音文件，然后在混音器的某个通道 pygame.mixer.Channel(n)中播放声音。也就是说，可以在同一时间在多个不同的通道上播放多个 WAV 格式的声音文件。

播放 WAV 格式的声音文件的示例程序如图 12-26 所示。

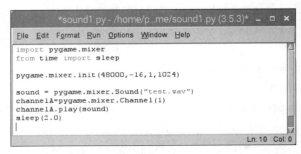

图 12-26 播放 WAV 格式的声音文件

在以上 Python 程序中,第 1 行语句加载 pygame.mixer 模块。

第 2 行语句加载 time 计时模块。

第 3 行语句为空行。

第 4 行语句初始化混音器,设置采样频率为 48kHz,16 位精度。

第 5 行语句为空行。

第 6 行语句加载名称为 test.wav 的声音文件。

第 7 行语句创建 1 个声音通道。

第 8 行语句在声音通道上播放声音。

第 9 行语句延时 2s,等待声音播放完毕。

如果要播放 MP3 格式的音乐文件,首先要用 pygame.mixer.music.load()函数加载 MP3 格式文件,然后可以使用 pygame.mixer.music.play()方法播放这个文件。

播放 MP3 格式的音乐文件的示例程序如图 12-27 所示。

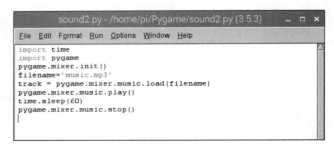

图 12-27 播放 mp3 格式的声音文件

在图 12-27 所示的 Python 程序中,第 1 行语句加载 time 计时模块。

第 2 行语句加载 pygame 模块。

第 3 行语句初始化混音器。

第 4 行语句指定 MP3 音乐文件名为"music.mp3"。

第 5 行语句加载 MP3 音乐文件。

第 6 行语句播放 MP3 音乐文件。

第 7 行语句延时 60s。

第 8 行语句停止播放音乐。

## 实例 70　编写一个摘星星的游戏程序

在以上实例中,我们学习了使用 pygame 模块显示图形,检测鼠标、键盘事件和播放声音的知识,在本例中,我们介绍一个综合应用的实例——编写一个摘星星的游戏程序。

这个摘星星游戏的工作画面如图 12-28 所示。窗口的左上角用于显示游戏的得分,窗口上方的中间用于显示游戏的最高得分,窗口的右上角用于显示本次游戏剩余的时间。

图 12-28　摘星星游戏的工作画面

当玩这个游戏时,一颗星星会随机地出现并停留在屏幕上的某个位置,星星每次出现的位置都不同,稍纵即逝,玩家必须眼明手快地将鼠标指针移到星星处并单击来捕捉星星,每捕捉到星星 1 次可得 1 分。

这个游戏程序需要 4 个素材文件,第 1 个是夜空的图片文件 space.jpg,第 2 个是星星的文件 star.png,第 3 个是背景音乐文件 music.mp3,第 4 个是捕捉到星星时的提示音文件 test.wav。

这个摘星星游戏程序较长,以下分为 5 部分介绍,第 1 部分的源程序如图 12-29 所示。

第 1 部分源程序的作用是首先加载 pygame 模块、sys 模块、random 模块、混音器模块和 time 模块;接着初始化 pygame 模块;然后加载声音文件 test.wav 并放置到第 1 个声音通道;最后加载并播放背景音乐文件 music.mp3。

摘星星游戏程序的第 2 部分的源程序如图 12-30 所示。

第 2 部分源程序的作用是首先创建一个大小为 $800 \times 600$ 的窗口,窗口标题设置为"Catch Star Game"(摘星星游戏);接着创建一个表面对象,创建时钟,加载夜空背景文件 space.jpg 和星星图形文件 star.png(注:此时仅仅加载图形,但并未显示图形);然后定义变量 n 并赋值为 25,用作星星显示的延时参数,定义变量 score 并赋值为 0,用于计算本次游

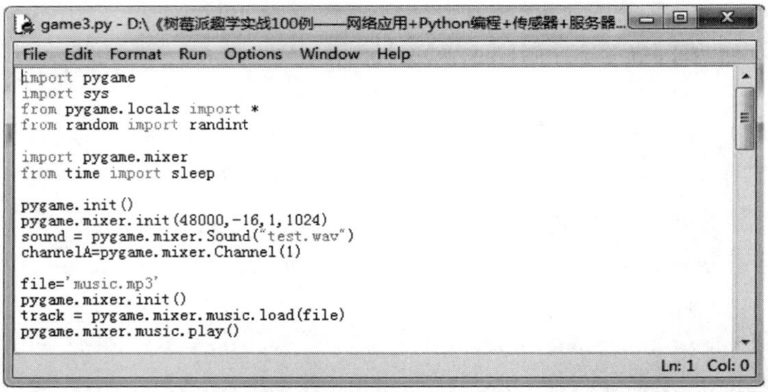

```
import pygame
import sys
from pygame.locals import *
from random import randint

import pygame.mixer
from time import sleep

pygame.init()
pygame.mixer.init(48000,-16,1,1024)
sound = pygame.mixer.Sound("test.wav")
channelA=pygame.mixer.Channel(1)

file='music.mp3'
pygame.mixer.init()
track = pygame.mixer.music.load(file)
pygame.mixer.music.play()
```

图 12-29　摘星星游戏第 1 部分的源程序

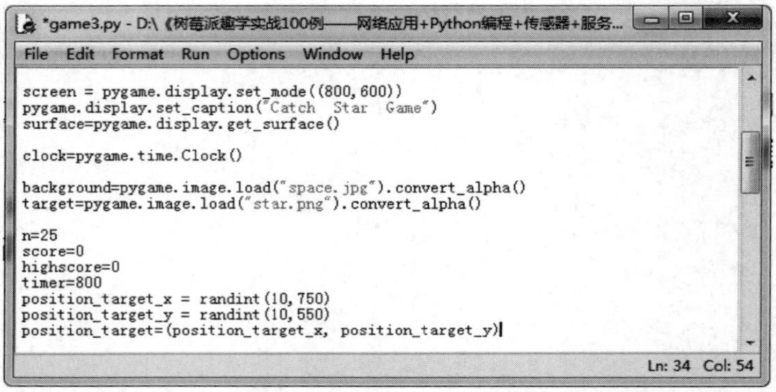

```
screen = pygame.display.set_mode((800,600))
pygame.display.set_caption("Catch  Star  Game")
surface=pygame.display.get_surface()

clock=pygame.time.Clock()

background=pygame.image.load("space.jpg").convert_alpha()
target=pygame.image.load("star.png").convert_alpha()

n=25
score=0
highscore=0
timer=800
position_target_x = randint(10,750)
position_target_y = randint(10,550)
position_target=(position_target_x, position_target_y)
```

图 12-30　摘星星游戏第 2 部分的源程序

戏得分，定义变量 highscore 并赋值为 0，用于存放最高得分，定义变量 timer 并赋值为 800，用于游戏计时；最后生成星星出现的随机的位置坐标并保存到变量 position_target 中。

摘星星游戏程序的第 3 部分的源程序如图 12-31 所示。

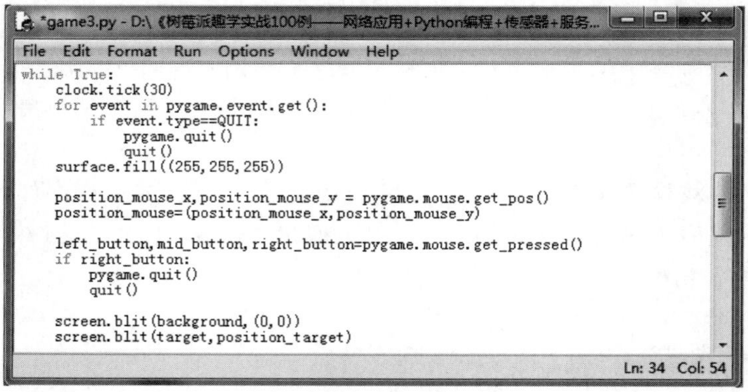

```
while True:
    clock.tick(30)
    for event in pygame.event.get():
        if event.type==QUIT:
            pygame.quit()
            quit()
    surface.fill((255,255,255))

    position_mouse_x,position_mouse_y = pygame.mouse.get_pos()
    position_mouse=(position_mouse_x,position_mouse_y)

    left_button,mid_button,right_button=pygame.mouse.get_pressed()
    if right_button:
        pygame.quit()
        quit()

    screen.blit(background,(0,0))
    screen.blit(target,position_target)
```

图 12-31　摘星星游戏第 3 部分的源程序

第 3 部分源程序的作用是首先创建一个永远生效的主循环，并将屏幕的刷新率定义为每秒 30 次；接着检测窗口事件，如果为关闭窗口事件则退出程序；接着将表面颜色填充为白色；然后检测鼠标事件，将当前鼠标的坐标参数保存到变量 position_mouse 中，并判断是否右击，如果是则退出程序；最后用 screen.blit() 函数显示夜空背景和星星。

摘星星游戏程序的第 4 部分的源程序如图 12-32 所示。

图 12-32　摘星星游戏第 4 部分的源程序

第 4 部分源程序的作用是首先判断当单击时，鼠标指针是否对准星星，即鼠标指针的坐标与星星中心的坐标之差是否在 10 以内，如果是则本次游戏得分变量 score 加 1 分，并发出一个短促的提示音；然后比较本次游戏得分变量 score 是否大于最高分变量 highscore，如果是则更新最高分变量 highscore 为本次游戏得分变量 score 的值；接着在屏幕顶部分别显示本次游戏得分、最高分；最后，将游戏剩余时间的变量值 timer 减 1，并显示在屏幕的右上角。

摘星星游戏程序的第 5 部分的源程序如图 12-33 所示。

```
if timer<=0:
    timer=800
    score=0
    pygame.mixer.music.play()

n=n-1
if n<=0:
    n=25
    position_target_x = randint(10,750)
    position_target_y = randint(10,550)
    position_target=(position_target_x, position_target_y)
    screen.blit(background,(0,0))

pygame.display.update()
```

图 12-33　摘星星游戏第 5 部分的源程序

第 5 部分源程序的作用是首先判断本次游戏剩余时间的变量 timer 的值是否小于或者等于 0，如果是则结束本次游戏，将 timer 的值重置为 800，将得分变量 score 重置为 0，并进入下一次游戏；然后将星星延时变量 n 的值减 1，并判断 n 的值是否小于或者等于 0，如果是则需要改变星星的位置，即把 n 的初值重新设置为 25，并重新计算星星下一个随机出现的位置坐标 position_target，然后在新位置坐标 position_target 上显示星星。

在这个游戏程序中，变量 n 值的大小对应着游戏的难度，如果 n 的值越小，则星星就会越频繁地闪现在不同的位置，玩家就越难捕捉到星星。

# 第 13 章

# 树莓派外部接口编程

## 实例 71　探索 GPIO 接口

聪明的读者,在本书以上的章节中,已经介绍了树莓派在网络应用和编程方面的基础知识。从本章开始,我们将抛砖引玉,逐步地引导你探索硬件开发项目,即通过让树莓派与各种硬件设备相连接,并对树莓派的 GPIO 接口编程,来感知和控制外部世界。

树莓派与普通计算机不一样的地方在于它配备了可编程的 GPIO(General Purpose Input/Output)。树莓派的可编程 GPIO 可以用来连接各种硬件设备(如 LED、小灯泡、各种传感器和步进电动机等)。树莓派 3B＋的 GPIO 接口共有 40 个针脚,如图 13-1 所示。

通用输入/输出接口GPIO

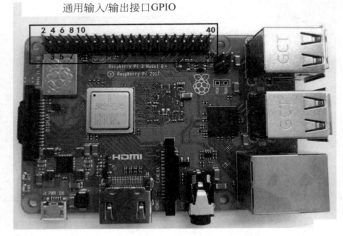

图 13-1　树莓派 3B＋的 GPIO 接口

树莓派上的 GPIO 各个物理引脚及其所对应的功能名和编码如图 13-2 所示。

GPIO(General Purpose I/O Ports)的中文意思为通用输入/输出接口。通俗地说,GPIO 就是一些引脚,可以通过编程读入 GPIO 引脚的状态——是高电平或是低电平,也可

树莓派GPIO引脚

| wiringPi 编码 | BCM 编码 | 功能名 | 物理引脚 BOARD编码 | | 功能名 | BCM 编码 | wiringPi 编码 |
|---|---|---|---|---|---|---|---|
| | | 3.3V | 1 | 2 | 5V | | |
| 8 | 2 | SDA.1 | 3 | 4 | 5V | | |
| 9 | 3 | SCL.1 | 5 | 6 | GND | | |
| 7 | 4 | GPIO.7 | 7 | 8 | TXD | 14 | 15 |
| | | GND | 9 | 10 | RXD | 15 | 16 |
| 0 | 17 | GPIO.0 | 11 | 12 | GPIO.1 | 18 | 1 |
| 2 | 27 | GPIO.2 | 13 | 14 | GND | | |
| 3 | 22 | GPIO.3 | 15 | 16 | GPIO.4 | 23 | 4 |
| | | 3.3V | 17 | 18 | GPIO.5 | 24 | 5 |
| 12 | 10 | MOSI | 19 | 20 | GND | | |
| 13 | 9 | MISO | 21 | 22 | GPIO.6 | 25 | 6 |
| 14 | 11 | SCLK | 23 | 24 | CE0 | 8 | 10 |
| | | GND | 25 | 26 | CE1 | 7 | 11 |
| 30 | 0 | SDA.0 | 27 | 28 | SCL.0 | 1 | 31 |
| 21 | 5 | GPIO.21 | 29 | 30 | GND | | |
| 22 | 6 | GPIO.22 | 31 | 32 | GPIO.26 | 12 | 26 |
| 23 | 13 | GPIO.23 | 33 | 34 | GND | | |
| 24 | 19 | GPIO.24 | 35 | 36 | GPIO.27 | 16 | 27 |
| 25 | 26 | GPIO.25 | 37 | 38 | GPIO.28 | 20 | 28 |
| | | GND | 39 | 40 | GPIO.29 | 21 | 29 |

图 13-2　树莓派 GPIO 引脚的功能名及编码

以通过 GPIO 引脚输出高电平或低电平。

　　GPIO 接口的应用非常广泛,可以通过 GPIO 接口和硬件进行数据交互,控制硬件工作。例如,可以使用 GPIO 接口点亮 LED、启动小风扇。也可以使用 GPIO 接口控制继电器来启动或关闭家用电器,如点亮台灯、启动电视机等。还可以通过 GPIO 接口读取温度传感器、湿度传感器、超声波测距传感器、红外线人体感应传感器等硬件的信号。

　　从图 13-2 中可以看到,每一个物理引脚都有物理引脚编码(BOARD 编码)、功能名、BCM 编码和 wiringPi 编码。物理引脚编码代表的是该针脚的编号,其中奇数编号为左排的针脚,偶数编号为右排的针脚,01 和 02 针脚对应着竖排的 GPIO 接口中最上面的两个针脚;功能名直接表示针脚的功能,如 3.3V 代表着该针脚输出 3.3V 的电压,5V 代表着该针脚输出 5V 的电压,GND 代表着该针脚是接地的,GPIO.＊是可以让用户编程的针脚,这些针脚都可以使用程序进行控制;BCM 编码是树莓派主芯片提供商 Broadcom 的编码方法;wiringPi 是树莓派 IO 控制库,使用 C 语言开发,提供了丰富的编程接口,wiringPi 编码是wiringPi 的 IO 控制库所使用的编码方法。

# 实例 72　认识 RPi. GPIO 模块

### 1. 导入 RPi. GPIO 模块

在 Python 语言中,可以使用 RPi. GPIO 模块来对树莓派的 GPIO 进行编程。

在使用 RPi. GPIO 模块之前,首先需要使用以下命令导入 RPi. GPIO 模块。

```
import RPi.GPIO as GPIO
```

为了检查 RPi.GPIO 模块是否已经导入成功,可以使用以下 Python 代码。

```
try:
    import RPi.GPIO as GPIO
except RuntimeError:
    print("导入 RPi.GPIO 时出错!这可能是由于没有超级用户权限造成的,请您使用 sudo 命令来
运行.")
```

此时,可以将模块名称映射为 GPIO,以便用 Python 语言对 GPIO 接口进行编程。

**2. RPi.GPIO 模块支持的引脚编码方式**

RPi.GPIO 模块可以通过两种方式对 Raspberry Pi 上的 IO 针脚进行编号。

第一种方式是使用物理引脚编号。该方式按照 Raspberry Pi 主板上接线柱的物理位置来编号。使用该方式的优点是无须考虑主板的修订版本,树莓派的硬件始终都是可用的状态,更换新一代树莓派时不需要重新更换接线方式,也不需要修改源代码。

第二种方式是使用 BCM 编码。这是一种比较低层的编码方式,该方式采用了 Broadcom 公司的 SOC 通道编号。在使用 BCM 编码的过程中,始终要保证主板上的针脚与图表上标注的通道编号相对应。

**3. 指定 RPi.GPIO 模块的编码方式**

在使用 RPi.GPIO 模块对树莓派 GPIO 接口编程时,首先需要指定 RPi.GPIO 的编码方式。具体来说,可以使用以下两个命令:

```
GPIO.setmode(GPIO.BOARD)
GPIO.setmode(GPIO.BCM)
```

**4. 禁用警告信息**

在 GPIO 工作过程中,如果 RPi.GPIO 模块检测到某个针脚被设置为其他的工作状态而非默认的输入状态,则会出现警告消息,此时,可以使用以下命令禁用该警告消息。

```
GPIO.setwarnings(False)
```

**5. 配置通道**

在对 GPIO 针脚编程之前,需要使用以下命令将 GPIO 针脚相应通道的工作状态定义为输入或输出。

1)将通道定义为输入

```
GPIO.setup(channel, GPIO.IN)
```

其中,通道编号 channel 使用 BOARD 或 BCM 所指定的编号。

2)将通道定义为输出

```
GPIO.setup(channel, GPIO.OUT)
```

同样,通道编号 channel 使用 BOARD 或 BCM 所指定的编号。

3)指定输出通道的逻辑电平初始值

如果要指定输出通道的初始值为高电平,使用以下命令:

```
GPIO.setup(channel, GPIO.OUT, initial = GPIO.HIGH)
```

如果要指定输出通道的初始值为低电平,则使用以下命令:

```
GPIO.setup(channel, GPIO.OUT, initial = GPIO.LOW)
```

4) 读取 GPIO 针脚的逻辑电平值

```
GPIO.input(channel)
```

如果读出的针脚状态为低电平,则这条命令将返回"0/GPIO.LOW/False";如果读出的针脚状态为高电平,则这条命令将返回"1/GPIO.HIGH/True"。

5) 设置 GPIO 针脚的输出状态

```
GPIO.output(channel, state)
```

如果针脚的输出要设置为低电平状态,那么可以将 state 指定为"0/GPIO.LOW/False";如果针脚的输出要设置为高电平状态,则可以将 state 指定为"1/GPIO.HIGH/True"。

6) 清理 GPIO 资源

在编写任何程序时,要养成在程序结束之前清理用过的资源的好习惯。在使用 RPi.GPIO 模块编程时也同样需要这样做。在 GPIO 接口的控制程序结束之前,使用清理 GPIO 资源的命令将所有程序中使用过的 GPIO 通道的工作状态恢复为输入状态,这样,就可以避免由于短路损坏树莓派。

清理 GPIO 资源的命令如下:

```
GPIO.cleanup()
```

注意,该操作仅会清理脚本使用过的 GPIO 资源。

# 实例 73　控制发光二极管闪烁

在实例 72 中,我们介绍了 RPi.GPIO 模块的基础知识。在本实例中,我们将继续介绍 GPIO 的一个最简单的应用——用树莓派控制发光二极管闪烁。

首先,需要购买一只发光二极管、一只电阻值为 330Ω 的电阻和三根母口对母口的杜邦线。在淘宝网上,发光二极管、电阻和杜邦线的价格都非常便宜。

发光二极管的英文缩写名称为 LED,其外形如图 13-3 所示。发光二极管是半导体二极管的一种,可以把电能转化成光能。发光二极管与普通二极管一样是由一个 PN 结组成,也具有单向导电性。当给发光二极管加上正向电压后,从 P 区注入 N 区的空穴和由 N 区注入 P 区的电子,在 PN 结附近数微米内分别与 N 区的电子和 P 区的空穴复合,产生自发辐射的荧光。不同的半导体材料中电子和空穴所处的能量状态不同。当电子和空穴复合时释放出的能量多少不同,释放出的能量越多,则发出的光的波长越短。常用的是发红光、绿光或黄光的发光二极管。

在电路中,电阻的作用是用于限制电流,其外形如图 13-4 所示。为了防止工作电流过大烧毁发光二极管,通常要串联一只 330Ω 左右的电阻,以起到保护发光二极管的作用。

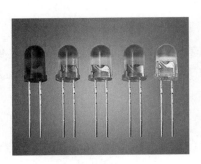

图 13-3　发光二极管

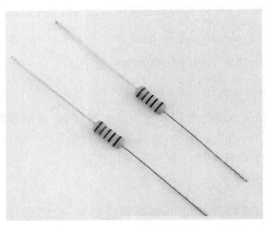

图 13-4　电阻

电阻的阻值由色环来表示,电阻按照色环的数量通常可以分为四环和五环两大类,其含义如图 13-5 所示。色环共有 12 种颜色,其中棕、红、橙、黄、绿、蓝、紫、灰、白、黑、金、银,前10 种颜色分别代表数字 1、2、3、4、5、6、7、8、9、0。

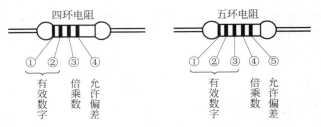

图 13-5　四环电阻与五环电阻

四环电阻的前两个环代表有效数字,第 3 个环代表倍乘数。第 4 个环代表误差范围,误差范围用金色或银色表示,金色代表误差为±5%,银色代表误差为±10%。

五环电阻的前 3 个环代表有效数字,第 4 个环代表倍乘数,第 5 个环代表误差范围,误差范围同样用金色或银色表示,金色代表误差为±5%,银色代表误差为±10%。

在本实例中使用的是 330Ω 的四环电阻,4 个色环的颜色依次序为橙、橙、棕、金,其中前两个橙色环代表 33,第 3 个棕色环代表乘以 10 的 1 次方,即电阻值为 330Ω,第 4 个金色环代表电阻值允许误差为±5%。

母口对母口的杜邦线的外形如图 13-6 所示。接线时,可以直接把发光二极管或电阻的引脚插入到杜邦线的母口中。

在本实例中,如图 13-7 所示进行实物连接,即用杜邦线将发光二极管正极与 330Ω 的电阻串联,然后连接到树莓派的物理引脚编号为 12 的引脚(BCM 编码为 18),并且用杜邦线将发光二极管的负极连接到树莓派的物理编号为 6 的引脚(功能名为 GND,即地线)。

图 13-6　母口对母口的杜邦线

图 13-7　树莓派控制 LED 闪烁的实物连接示意图

硬件连接完成后，如图 13-8 所示，编写 Python 程序，并且将文件命名为 LED.py。

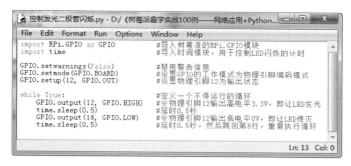

图 13-8　控制发光二极管闪烁的代码

这个 Python 程序每一行代码的作用简要说明如下。

第 1 行是导入 RPi.GPIO 模块。

第 2 行是导入时间模块，用于控制 LED 闪烁的计时。

第 3 行为空行。

第 4 行是禁用警告信息。

第 5 行是设置 GPIO 接口的工作模式为物理引脚编码模式。

第 6 行是设置物理引脚 12 为输出状态。

第 7 行为空行。

第 8 行是定义一个不停运行的循环。

第 9 行是令物理引脚 12 输出高电平 3.3V，即让 LED 发光。

第 10 行是延时 0.5s。

第 11 行是令物理引脚 12 输出低电平，即让 LED 熄灭。

第 12 行是延时 0.5s，然后跳回第 8 行，重复执行循环。

程序调试好以后，只要运行这个程序，就可以让树莓派 GPIO 控制发光二极管以 0.5s 为时间间隔不停地闪烁。

如果要改变 LED 闪烁的间隔时间，只要将程序中第 10 行和第 12 行中的参数 0.5 修改为其他数值即可。

在以上 Python 程序的基础上，还可以运用脉宽调制技术（PWM）让 LED 实现呼吸灯效果，即随着时间的流逝，使 LED 逐渐变亮，然后又逐渐变暗。

脉宽调制的基本原理是对逆变电路开关器件的通断进行控制，使输出端得到一系列幅值相等的脉冲，用这些脉冲来代替正弦波或所需要的波形。也就是在输出波形的半个周期中产生多个脉冲，使各脉冲的等值电压为正弦波形，所获得的输出平滑且低次谐波少。按一定的规则对各脉冲的宽度进行调制，即可改变逆变电路输出电压的大小，也可改变输出频率。

在本实例中，要改变发光二极管的亮度时，只要改变脉宽调制波形的占空比即可。

图 13-9 所示，PWM 的占空比，就是指高电平保持的时间 $T_{ON}$ 与该 PWM 时钟周期时间 $T_S$ 之比。

在 RPi.GPIO 模块中，与 PWM 相关的命令格式如下。

1）创建一个 PWM 实例

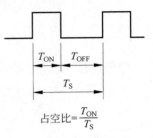

图 13-9　PWM 的占空比

```
p = GPIO.PWM(channel, frequency)
```

其中，channel 为通道编号，frequency 为工作频率，单位为赫兹（Hz）。

2）启动 PWM 实例

```
p.start(dc)
```

其中，dc 为占空比，占空比的取值范围为 0.0～100.0。

3）修改工作频率

```
p.ChangeFrequency(frequency)
```

将 PWM 实例的工作频率修改为 frequency，单位为赫兹（Hz）。

4）终止 PWM 实例

```
p.stop()
```

仍然如图 13-7 所示进行实物连接，实现呼吸灯效果的 Python 程序如图 13-10 所示。

这个 Python 程序每一行代码的作用简要说明如下。

第 1 行是导入时间模块，用于控制 LED 闪烁的计时。

第 2 行是导入 RPi.GPIO 模块。

第 3 行是设置 GPIO 接口的工作模式为 BOARD 编码模式。

第 4 行是设置物理引脚 12 为输出状态。

第 5 行为空行。

第 6 行是指定物理引脚 12 工作在 PWM 模式，工作频率为 50Hz。

第 7 行是启动 PWM 实例。

第 8 行的 try 命令是当程序捕获到一个错误时执行 except 后面的代码。

第 9 行是定义一个不断运行的循环。

第 10 行是定义一个子循环，使占空比变量 dc 从 0 递增到 100，增幅为 20。

图 13-10　实现呼吸灯效果的 Python 程序

第 11 行是修改占空比为变量 dc 的当前值,即令 LED 逐渐变亮。

第 12 行是延时 0.1s,然后跳回到第 10 行,重复执行子循环。

第 13 行是定义另一个子循环,使占空比变量 dc 从 100 递减到 0,降幅为 20。

第 14 行是修改占空比为变量 dc 的当前值,即令 LED 逐渐变暗。

第 15 行是延时 0.1s,然后跳回到第 13 行,重复执行子循环。

第 16、17 行是处理第 8 行的 try 命令捕捉到的异常情况,即当用户中止程序时退出循环,跳到第 18 行继续执行。

第 18 行是终止 PWM 实例。

第 19 行是清除 GPIO 接口的工作状态,即将所有物理针脚的工作状态还原为原始的输入状态,不再输出高电平。

## 实例 74　用 GPIO 模拟交通信号灯

在实例 73 控制单只 LED 闪烁的基础上,本实例继续用 GPIO 模拟交通信号灯。

为了模拟交通灯,除了一台树莓派 3B+ 或 4B 以外,还需要准备以下的实验器材。

(1) 公对公、母对公杜邦线若干条。

(2) 发光二极管 3 只,即红色、黄色、绿色各一只。

(3) 220Ω 电阻一只。

(4) 面包板一块。

(5) 无源蜂鸣器一个。

模拟交通灯的实物连接示意图如图 13-11 所示。

实现模拟交通灯的 Python 程序及注释如图 13-12 所示。

在本实例中,仅仅模拟了单一方向的一组红、黄、绿交通信号灯。在这里,郑重地建议有兴趣探索的读者参考本实例,进一步设计能够同时控制东、南、西、北四个方向的交通信号灯。

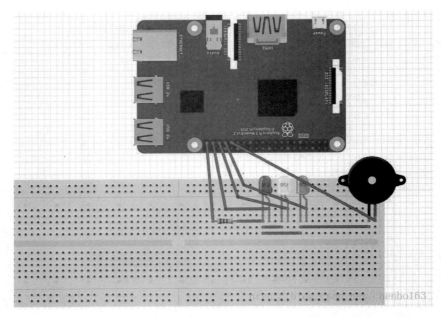

图 13-11 模拟交通灯的实物连接示意图

图 13-12 模拟交通灯的 Python 代码及注释

## 实例 75 用手机远程控制 LED 发光

在以上实例中介绍了用 Python 程序控制 LED 发光的方法。如果再进一步,希望更方便地直接用手机控制 LED 发光,也是可以实现的,只要在树莓派的 Python 程序中导入

bottle 库即可。手机远程控制 LED 的工作界面如图 13-13 所示。

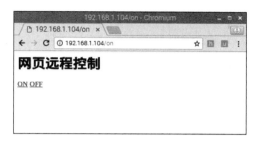

图 13-13 网页远程控制的工作界面

简单地说,bottle 库是树莓派专用的一个小巧的 Python Web 服务器,可以令树莓派摇身一变,变成一个实用的小型网站。

在本实例中,共需要编写两个控制程序,第一个为 Python 控制程序,其文件名是 web.py;另一个是 HTML 网页源代码程序,其文件名是 home.tpl。具体的安装和编程步骤如下。

第 1 步,在树莓派的 LX 终端界面中以超级用户权限安装 bottle 库,具体命令如下。

```
sudo apt-get install python-bottle
```

第 2 步,仍然如图 13-11 所示连接 LED。

第 3 步,在树莓派的/home/pi 文件夹中建立一个文件夹,并命名为 web。

第 4 步,编写 Python 远程控制程序,将文件命名为 web.py,并保存到/home/pi/web 文件夹中,完整的源代码如图 13-14 所示。

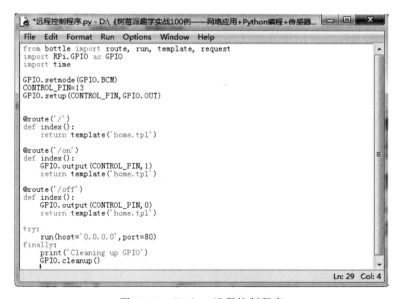

图 13-14 Python 远程控制程序

第 5 步,依次单击树莓派的主菜单按钮(即左上角的树莓派图标)、附件、Text Editor(图标为铅笔),启动文本编辑器,编写如图 13-15 所示的 HTML 源代码,将文件命名为 home.tpl,

并保存到/home/pi/web文件夹中。

第6步,查询树莓派的IP地址,如图13-16所示,将鼠标移到屏幕右上角的无线连接图标处即可,在本实例中,树莓派的IP地址为192.168.1.104。

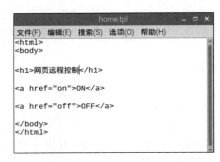

图13-15　HTML远程控制代码

图13-16　查询树莓派的IP地址

第7步,在树莓派或手机中打开网页浏览器,并在地址栏中输入第6步找到的IP地址,即可访问远程控制网页。

在图13-14所示的Python程序中,每一行的代码的作用简要说明如下。

第1~3行分别导入bottle、RPi.GPIO和time库。

第4行为空行。

第5行指定GPIO的工作模式为BCM模式。

第6行指定控制的针脚编号为BCM 13的针脚(即物理编码为33的针脚)。

第7行指定控制的针脚的工作方式为输出状态。

第8、9行为空行。

第10~12行当用户在浏览器中打开网站主页时,输出home.tpl文件中的内容,即显示如图13-13所示的网页远程控制的工作界面。

第13行为空行。

第14~17行当用户在网站主页中单击ON按钮时,使控制的针脚输出高电平,从而点亮与控制的针脚相连接的LED,并显示图13-13所示的网页远程控制的工作界面。

第18行为空行。

第19~22行当用户在网站主页中单击OFF按钮时,使控制的针脚输出低电平,从而熄灭与控制的针脚相连接的LED,并显示图13-13所示的网页远程控制的工作界面。

第23行为空行。

第24、25行启动网站,网址为树莓派的默认地址,端口号为80。

第26~28行当用户退出程序时,清除使用过的GPIO接口资源。

在图13-15所示的HTML网页代码中,每一行HTML代码的作用如下。

第1、2行是网页首部的HTML代码。

第3行为空行。

第4行用大字显示标题"网页远程控制"。

第5行为空行。

第6行定义一个ON超链接按钮,当用户按下这个ON按钮时,点亮LED。

第7行为空行。

第 8 行定义一个 OFF 超链接按钮，当用户按下这个 OFF 按钮时，熄灭 LED。

第 9 行为空行。

第 10、11 行是网页尾部的代码，用于与第 1、2 行的网页首部代码配对。

但是，以上手机控制 LED 方案仍然有一个不足之处，就是手机与树莓派之间的距离被限制在 WiFi 的覆盖范围内，一般仅有几十米。其原因是在本实例中树莓派的地址是无线局域网地址，树莓派与手机之间是通过 WiFi 信号进行通信的，所以只能在 WiFi 的覆盖范围内进行手机控制。

那么，如何才能使手机通过 4G 或 5G 网络信号实现远程控制 LED 呢？解决方法是使用内网穿透技术。在树莓派上实现内网穿透的一种比较简易的方法是安装花生壳客户端软件。花生壳客户端软件的下载和安装步骤如下。

第 1 步，下载花生壳客户端软件，如图 13-17 所示，访问花生壳官网的下载页面（https://hsk.oray.com/download/），选择"树莓派"，然后单击"下载"按钮即可下载。

图 13-17　下载花生壳客户端软件

第 2 步，在树莓派上安装花生壳客户端软件，安装需要在管理员（root）权限下运行。

在下载安装包后，在 LX 终端上通过 cd 命令进入对应下载目录，并输入下面的命令进行安装：

```
sudo dpkg － i phddns_rapi_3.0.1.armhf.deb
```

当安装成功后，树莓派的屏幕上将会显示此树莓派的 SN 码、默认密码（admin）和远程管理地址（http://b.oray.com），如图 13-18 所示。

第 3 步，启动花生壳客户端，输入 phddns 命令，并且按 Enter 键，即可以看到如图 13-19 所示的信息。

```
phddns start | stop | restart | status | reset | version
```

（1）启动花生壳客户端软件。

```
phddns start
```

（2）停止花生壳客户端软件。

```
phddns stop
```

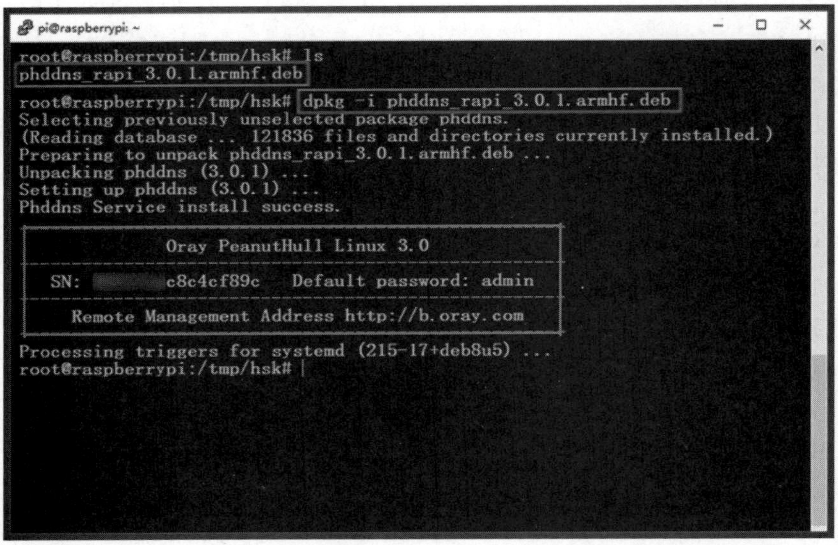

图 13-18　安装花生壳 3.0 软件

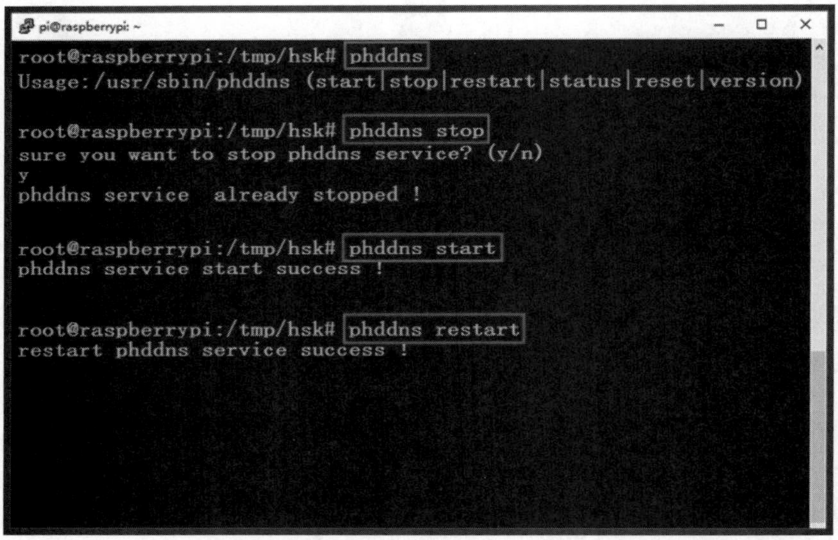

图 13-19　花生壳的启动和停止命令

（3）重新启动花生壳客户端软件。

phddns restart

（4）查询花生壳的工作状态。

phddns status

（5）重新配置花生壳的工作参数。

phddns reset

（6）查询花生壳客户端软件的版本。

phddns version

同样，参照以上给出的各条命令，查询花生壳的工作状态、版本号，或者重新配置花生壳客户端软件，其结果如图13-20所示。

第4步，配置花生壳参数，在浏览器输入远程管理地址 http://b.oray.com，进入花生壳远程管理页面，然后输入安装花生壳时生成的 SN 码及默认密码 admin，进入下一步的登录界面，如图13-21所示。

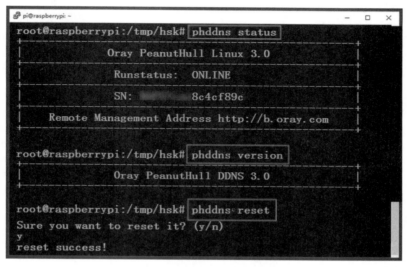

图13-20 花生壳的常用命令

图13-21 输入 SN 码和初始密码

第5步，首次登录管理网页，需要补全用户资料、重新设置密码，并填写手机号码，接收和填写验证码等，如图13-22所示。

第6步，填写用户资料后，还需要开通内网穿透功能，如图13-23所示。

根据提示填写对应的信息(设置新密码、输入手机号码，获取验证码)

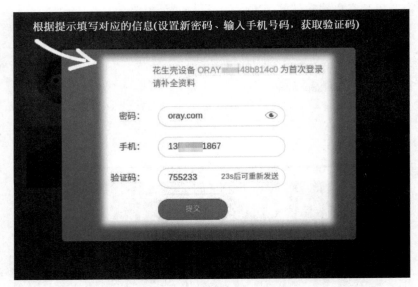

图 13-22　补全用户资料

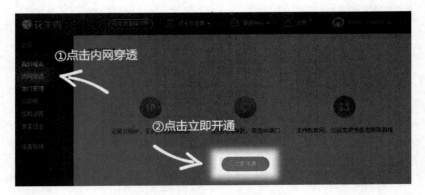

图 13-23　单击"内网穿透"按钮

第 7 步,单击图 13-23 所示的网页左侧的"内网穿透"按钮,进入如图 13-24 所示的选购内网穿透服务的页面,分为体验版、畅享版和正式版 3 个版本。

第 8 步,选择好内网穿透服务的版本,按照相关提示信息用手机扫描二维码付款,并单击"立即开通"按钮,填写内网 IP 地址及端口号等参数后,花生壳会提供一个可以远程访问树莓派控制 LED 的网址。

到此为止,花生壳的安装和配置工作就大功告成了。

以后,每当启动了树莓派,只要在 LX 终端输入 phddns start 命令,使树莓派启动花生壳的 phddns 客户端软件,然后用 cd 命令进入/home/pi/web 文件夹,接着以超级用户身份运行 web. py 程序,即输入 sudo python web. py 命令,并在花生壳官方网站的管理页面 http://b.oray.com 启动内网穿透服务,就可以随时随地在手机的浏览器上输入树莓派 LED 的远程控制网址,远程点亮或熄灭 LED 了。

聪明的读者,如果你能够按照以上的详细步骤,一步一步地实现树莓派模拟交通灯和手

图 13-24 选择内网穿透的版本

机远程控制 LED 等实例,那么通过这些实践足以证明你不仅具有钻研精神,而且还善于实践,具有较强的动手能力。

在本章的最后,提出两个有关 GPIO 的编程问题,请读者做进一步的思考和探索。

第一个问题,在图 13-11 所示的交通灯模型中共有红、黄、绿 3 个 LED,但是本书在图 13-14 和图 13-15 所示的远程控制程序中,仅仅给出了连接 BCM 编码为 13(即物理针脚为 33)绿色 LED 的远程控制程序。如果除此之外,还需要分别远程控制另外两个 LED 发光,那么该如何改进 Python 程序和 HTML 网页控制代码呢?

第二个问题,如果要用手机远程控制点亮台灯、启动电视机等家用电器,那么又该使用什么解决方法呢?

# 第14章

# 树莓派图像处理

## 实例 76　安装和使用 USB 摄像头

亲爱的读者,在上一章中,我们已经学习了树莓派外部接口编程方面的知识。从本章开始,我们将进一步学习如何为树莓派配上火眼金睛,即为树莓派安装摄像头和相关的软件,并通过编程,让树莓派感知外部世界,进行拍照和录像,并用树莓派进行图像识别。

**1. 安装 USB 摄像头**

首先,需要给树莓派安装和配置一个摄像头。树莓派能够支持的摄像头可以分为 USB 接口摄像头和树莓派官方摄像头两大类。

请注意,并非市场上所有的 USB 接口摄像头都能与树莓派正常连接。如果需要正常连接树莓派,必须选购支持 UVC 协议的 USB 接口摄像头。

UVC 是英文 USB Video Class 的缩写,中文含义是 USB 视频捕获设备。

UVC 协议是微软公司与有关视频设备厂商联合推出的专门为 USB 视频捕获设备制定的协议,目前已成为 USB 设备的国际标准。

USB 视频捕获设备,顾名思义,就是针对 USB 接口的视频设备在国际上统一的数据交换规范。使用 UVC 协议的好处是,USB 硬件在各个程序之间彼此运行会更加顺利,而且也省去了安装驱动程序这一环节,运行 Windows 操作系统的计算机只要安装的是 Windows XP SP2 之后的版本都可以支持 UVC 协议,而运行 Linux 操作系统的计算机则自 Linux 2.4 以后的内核也都支持 UVC 设备。

因此,支持 UVC 协议的 USB 视频捕获设备都是免安装驱动程序的,能够即插即用(PnP)。使用 UVC 技术标准的设备,包括摄像头、数码相机、类比影像转换器、电视棒及静态影像相机等设备。借助于操作系统的即插即用能力,用户可以非常轻松地在计算机上安装、配置和添加 USB 设备。

如前所述,2019 年发布的树莓派 4B 配有 4 个 USB 接口,已经占用了两个 USB 接口,分别用于连接 USB 键盘和 USB 鼠标。当需要连接摄像头时,可以把 USB 接口的摄像头插入到剩下的任何一个 USB 接口中。

如图 14-1 所示,本实例选用的是一个支持 UVC 协议的 USB 接口摄像头,带有一个小夹子,可以固定在显示器的顶部,分辨率为 500 万像素。

图 14-1　USB 接口摄像头

检测 USB 摄像头是否正常连接有两种方法,即执行 lsusb 命令或者执行"ls /dev/video ∗"命令。

为了检测 USB 摄像头,需在树莓派的 LX 终端界面上执行 lsusb 命令,屏幕上会显示树莓派当前接入的 USB 设备列表。检测可以分两步进行操作:首先,不插入摄像头,执行一次 lsusb 命令;然后,插入 USB 摄像头,再次执行 lsusb 命令。对比前后两次的 USB 设备列表,就可以判断哪个设备是 USB 摄像头。

如图 14-2 所示,这是插入 USB 摄像头之前和之后分别执行 lsusb 命令所返回的信息。由图 14-2 可知,插入 USB 摄像头之前树莓派连接了 6 个 USB 设备,而插入 USB 摄像头之后会提示连接了 7 个 USB 设备,即新增了图中长方形区域所示的 UVC camera 设备。

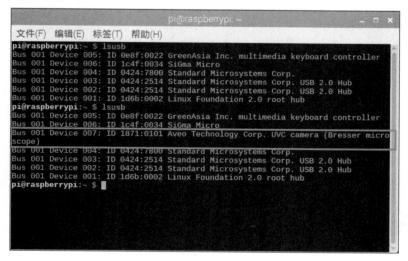

图 14-2　插入 USB 摄像头前后 lsusb 命令返回的信息

如图14-3所示,另一种检查摄像头是否正常连接的方法是使用"ls /dev/v＊"命令检查/dev目录,如果设备清单中包含了/dev/video0,则表示已经连接USB摄像头。

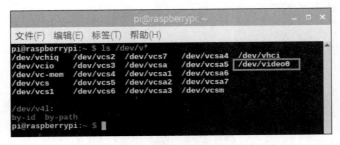

图14-3　检测USB设备的另一种方法

### 2. 使用USB摄像头拍照

连接好USB摄像头以后,还需要安装fswebcam程序才能拍照。fswebcam是适用于树莓派USB摄像头的一款小型拍照程序,其官方网站的地址如下:

http://www.sanslogic.co.uk/fswebcam/

首先,需要在树莓派的LX终端界面中输入以下命令来安装fswebcam:

```
$ sudo apt－get install fswebcam
```

fswebcam安装完成后,可以在LX终端界面中执行fswebcam命令来拍照。fswebcam命令的后面要指定一个JPG格式的文件名,拍照结果将保存到这个图像文件中。例如:

```
$ fswebcam image1.jpg
```

执行上述命令后,会在/home/pi/文件夹中找到名字为image1.jpg的图像文件,双击打开这个文件就可以看到拍照的结果,如图14-4所示。

在图14-4所示的照片中,右下角出现了水印,影响美观。如果不需要这个水印,需在fswebcam命令中加入"--no-banner"这个参数。如果要指定照片的分辨率,则可以使用"-r 640x480"这个参数,完整的命令如下:

```
$ fswebcam －r 640x480 －－no－banner image2.jpg
```

上述命令的执行结果如图14-5所示。

图14-4　USB摄像头拍照的结果

图14-5　不带水印的拍照结果

**3. 使用 USB 摄像头拍摄视频**

要使用 USB 摄像头拍摄视频，还需要在 LX 终端界面中输入以下命令来安装一个支持 UVC 协议的，名为 luvcview 的拍摄视频专用软件：

```
sudo apt - get install luvcview
```

安装完成后，在 LX 终端界面中输入 luvcview 命令即可看到视频画面，结果如图 14-6 所示。

图 14-6　USB 摄像头实时监控画面

如果需要在其他计算机设备上查看 USB 摄像头拍摄得到的视频画面，有多种解决方法。

第一种方法是参考本书的实例 38，安装 xrdp 软件包，并且用 Windows 自带的"远程桌面连接"程序来实现。

第二种方法是参考本书的实例 39，在树莓派上启用 VNC 服务，并且在其他计算机或移动设备上安装 VNC Viewer 软件来实现。

第三种方法是在树莓派安装视频监控程序 motion，安装步骤如下。

第 1 步，执行以下安装命令。

```
sudo apt - get install motion
```

第 2 步，打开 motion daemon 守护进程，使得 motion 一直在后台运行。

```
sudo nano /etc/default/motion
＃no 修改成 yes：
start_motion_daemon = yes
```

第 3 步，修改 motion 的配置文件，这个文件比较长，需细心找到有关参数并作修改。

```
sudo nano /etc/motion/motion.conf
```

```
# deamon off 改成 deamon on
deamon on
# 设置分辨率为 800×600
width 800
height 600
# 关闭 localhost 的限制
webcam_localhost off
```

第 4 步，使用如下命令运行 motion 程序。

```
sudo motion
```

此时，USB 摄像头已经变成了一台网络摄像头。在其他计算机设备（包括笔记本电脑和 iPad 等）的浏览器下，直接输入网址"http://树莓派 IP 地址:8081"，就可以看到摄像头当前拍摄的画面。

例如，树莓派 IP 地址为 192.168.1.104，则只要在 iPad 的 Safari 浏览器输入"http://192.168.1.104:8081"，即可看到监控画面，如图 14-7 所示。

图 14-7　在 iPad 上查看监控画面

#### 4. 用 Python 程序控制 USB 摄像头拍照

如果不满足于仅仅使用 fswebcam 和 luvcview 命令来控制 USB 摄像头，那么，我们介绍如何使用 Python 编程来实现拍照的方法。在 Python 语言中，pygame 模块支持 USB 摄像头，可以实现拍照的功能，详细的代码 pygamecam1.py 如图 14-8 所示。

在图 14-8 所示的代码中，第 1 行导入 pygame 模块。

第 2 行导入 pygame.camera 模块。

第 3 行为空行。

第 4 行初始化 pygame 模块。

第 5 行初始化 pygame.camera 模块。

图 14-8　使用 pygame 模块拍照的代码

第 6 行为空行。

第 7、8 行设置照片的分辨率为 640×480。

第 9 行启动摄像头。

第 10 行为空行。

第 11 行捕捉一张照片。

第 12 行关闭摄像头。

第 13 行为空行。

第 14 行将捕捉到的照片保存到树莓派的桌面上，并将文件命名为 cam1.jpg。

以上 Python 程序的功能过于简单，只能保存一张照片，并不能显示拍照的结果。可以进一步改进这个程序，实现连续拍照并显示照片的功能，详细的代码 pygamecam2.py 如图 14-9 所示。

在图 14-9 所示的代码中，第 1 行导入 pygame 模块。

图 14-9　使用 pygame 模块连续拍照的代码

第 2 行导入 pygame.camera 模块。

第 3 行导入 pygame.locals 模块。

第 4 行导入 time 模块。

第 5 行为空行。

第 6 行初始化 pygame 模块。

第 7 行初始化 pygame.camera 模块。

第 8 行为空行。

第 9、10 行设置照片的分辨率为 640×480。

第 11 行为空行。

第 12 行创建一个不停运行的循环。

第 13 行检测鼠标和键盘事件。

第 14～16 行判断鼠标和键盘事件,如果是关闭窗口事件则结束程序。

第 17 行为空行。

第 18 行启动摄像头。

第 19 行捕捉一张照片。

第 20 行关闭摄像头。

第 21 行将捕捉到的照片保存到树莓派的桌面上,并将文件命名为 cam1.jpg。

第 22 行在屏幕上创建一个 640×480 的窗口。

第 23 行读取刚才保存到树莓派的桌面上的 cam1.jpg 文件。

第 24、25 行将 cam1.jpg 文件的内容显示在窗口中。

第 26 行延时 0.5s。

执行完第 26 行后跳回到第 12 行,重复执行循环,即不停地拍摄并显示照片。

## 实例 77　安装和使用树莓派官方摄像头

实例 76 介绍了用 USB 摄像头来拍照。USB 摄像头虽然价格便宜,但是拍照效果不太理想。在本实例中,我们继续介绍树莓派官方的 CSI 摄像头的使用方法。

### 1. 安装 CSI 摄像头

图 14-10 所示,树莓派官方摄像头的外形很小巧,拍摄的分辨率为 500 万像素。

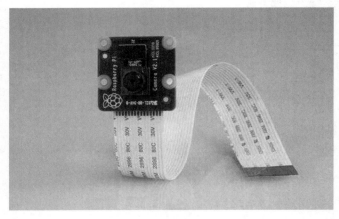

图 14-10　树莓派官方摄像头

　　首先,关闭树莓派并断开电源,如图 14-11 所示,将 CSI 摄像头的连接排线插入树莓派的 CSI 插座中,请注意,插入 CSI 摄像头排线时要将排线蓝色的一面朝网线插座的方向。

图 14-11　安装 CSI 摄像头

**2. 激活 CSI 摄像头接口**

　　在使用树莓派的官方 CSI 摄像头前,需要激活 CSI 摄像头接口。激活 CSI 摄像头接口的方法是单击屏幕左上角的树莓派主菜单"首选项"→Raspberry Pi-configuration,则屏幕会出现如图 14-12 所示的配置界面。

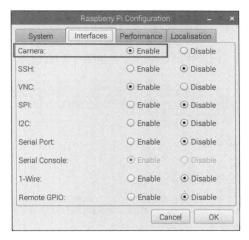

图 14-12　激活 CSI 摄像头接口

　　接着,单击 Interfaces 按钮,然后用鼠标将第 1 行的 Camera 接口参数设置为 Enable,最后单击 OK 按钮,即可激活 CSI 摄像头接口。

**3. 使用 CSI 摄像头拍照**

　　激活 CSI 摄像头接口后,即可在 LX 终端界面上使用 raspistill 命令拍摄照片,例如:

```
raspistill -o /home/pi/Desktop/image.jpg
```

　　执行以上命令后,会拍摄一张照片并在树莓派的桌面上保存名为 image.jpg 的图片文件。预览 2s(注:即 2000ms)并拍摄一张大小为 640×480 的照片的命令如下:

```
raspistill -t 2000 -o image.jpg -w 640 -h 480
```

禁用预览窗口延时 2s 拍摄一张照片的命令如下：

```
raspistill － t 2000 － o image.jpg － n
```

拍摄一张格式为 PNG 的照片的命令如下：

```
raspistill － t 2000 － o image.png － e png
```

请注意，与通用的 JPG 压缩格式图像文件不同，PNG 格式的图像文件是微软公司定义的一种无损压缩格式图像文件，图像的质量比较高，但是树莓派处理 PNG 格式文件时的速度要比 JPG 格式文件慢。

**4. 使用 CSI 摄像头录制视频**

除了拍照，也可以在 LX 终端界面上使用 raspivid 命令录制视频，例如执行以下命令：

```
raspivid － o /home/pi/Desktop/video.h264 － t 10000
```

执行以上命令后，会录制一段长度为 10s（注：即 10000ms）的视频，并且在树莓派的桌面上保存名为 video.h264 的视频文件。此后，可以用树莓派自带的 VLC 视频播放器播放这个视频文件。

**5. 用 Python 程序控制 CSI 摄像头拍照**

除了直接使用 raspistill 命令拍照外，也可以编写 Python 程序来控制 CSI 摄像头拍照，并且实现一些特殊的效果。

1）预览 5s 然后拍照

预览 5s 并拍照的 Python 程序 camera1.py 如图 14-13 所示。

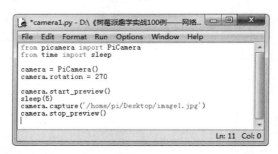

图 14-13　控制 CSI 摄像头拍照的 Python 程序

在图 14-12 所示的代码中，第 1 行导入 PiCamera 模块。

第 2 行导入 time 模块。

第 3 行为空行。

第 4 行创建摄像头对象。

第 5 行将拍到的照片顺时针旋转 270°以适应镜头的方向。

第 6 行为空行。

第 7 行启动摄像头并开始预览。

第 8 行延时 5s。

第 9 行拍摄一张照片，并且保存到树莓派桌面上，文件名为 image1.jpg。

第 10 行关闭摄像头。

2）为拍摄的照片添加水印

可以编写如图 14-14 所示的程序 camera2.py 来为拍摄的照片添加水印。

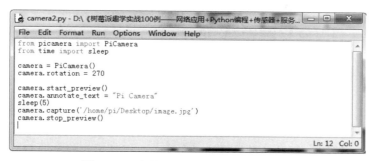

图 14-14 为拍摄的照片添加水印的程序

这个程序与图 14-12 所示的程序相似，不同的地方是第 8 行，其功能是将照片的水印定义为"Pi Camera"。

3）连拍 5 张照片

可以编写如图 14-15 所示的 Python 程序 camera3.py 来实现连拍 5 张照片（每隔 3s 拍 1 张）的效果。

图 14-15 控制 CSI 摄像头连拍的 Python 程序

在如图 14-15 所示的代码中，第 1 行导入 PiCamera 模块。

第 2 行导入 time 模块。

第 3 行为空行。

第 4 行创建摄像头对象。

第 5 行将拍到的照片顺时针旋转 270°以适应镜头的方向。

第 6 行为空行。

第 7 行启动摄像头并开始预览。

第 8 行为空行。

第 9 行创建一个重复执行 5 次的循环。

第 10 行在循环中延时 3s。

第 11 行拍摄一张照片，保存到树莓派桌面上，并且将文件依次序命名为 image0.jpg～image4.jpg。

第 12 行是空行，跳回第 9 行执行。

当第 9 行～11 行的循环重复执行 5 次后，跳到第 13 行，关闭摄像头。

## 实例 78　安装 OpenCV 视觉库

### 1. OpenCV 视觉库简介

OpenCV 是一个跨平台的计算机视觉库，由英特尔公司发起并参与开发，基于 BSD 授权许可条款（开源）发行，可以运行在 Linux、Windows、Android 和 Mac OS 操作系统上。它轻量而且高效——由一系列 C 函数和少量 C++ 类构成，同时提供了 Python、Ruby、MATLAB 等语言的接口，可以实现图像处理和计算机视觉方面的多种通用算法。

OpenCV 视觉库用 C++ 语言编写接口，但是依然保留了大量的 C 语言接口。该视觉库也含有大量的 Python、Java 和 MATLAB/OCTAVE（版本 2.5）的接口。这些语言的 API 接口函数可以通过在线文档获得。如今也提供对于 C♯、Ruby 和 GO 语言的支持。

当前的 OpenCV 有两个版本，即 OpenCV2 和 OpenCV3。本书仅介绍 OpenCV2 的安装和使用方法。

OpenCV 视觉库的功能强大，其应用领域也很广，主要包括：

（1）人机互动。

（2）物体识别。

（3）图像分割。

（4）人脸识别。

（5）动作识别。

（6）运动跟踪。

（7）机器人。

（8）运动分析。

（9）机器视觉。

（10）结构分析。

（11）汽车安全驾驶。

在图像处理方面，OpenCV 视觉库包含以下 3 个核心模块。

core：核心模块，主要包含了 OpenCV 中最基本的结构（矩阵、点线和形状等），以及相关的基础运算/操作。

imgproc：图像处理模块，包含和图像相关的基础功能（滤波、梯度、改变大小等），以及一些衍生的高级功能（图像分割、直方图、形态分析和边缘/直线提取等）。

highgui：文件处理模块，提供了用户界面和文件读取的基本函数，比如图像显示窗口的生成和控制，图像/视频文件的接口等。

在视频处理方面，OpenCV 也提供了强劲的支持，主要包括以下模块。

video：视频模块，用于视频分析的常用功能，如光流法（Optical Flow）和目标跟踪等。

calib3d：三维重建模块，立体视觉和相机标定等的相关功能。

features2d：二维特征模块，主要是一些不受专利保护的，商业友好的特征点检测和匹配等功能，如 ORB 特征。

object：目标检测模块，包含级联分类和 Latent SVM。

ml：机器学习算法模块，包含一些视觉中最常用的传统机器学习算法。

flann：最快近似值计算库（Fast Library for Approximate）。

Nearest Neighbors：最近邻算法库，用于在多维空间进行聚类和检索，经常和关键点匹配搭配使用。

gpu：图像处理器模块，包含了一些图像处理器加速的接口。

photo：计算图像学（Computational Photography）接口，用于实现图像修复和降噪。

stitching：图像拼接模块，可以用于生成全景照片。

nonfree：受到专利保护的一些图像处理算法，如 SIFT 和 SURF 等。

contrib：一些实验性质的算法，考虑在未来版本中加入。

ocl：OpenCL 并行加速模块，利用 OpenCL 实现并行加速的一些接口。

superres：超分辨率模块，实现 Biliteral Total Variation-L1 regularization（BTV-L1）算法。

viz：基础的 3D 渲染模块，即著名的 3D 工具包 VTK（Visualization Toolkit）。

**2. 在树莓派上安装 OpenCV 视觉库**

要在树莓派上安装 OpenCV 视觉库，首先要打开 LX 终端，然后依次输入以下各个命令：

```
sudo apt - get update
```

该命令的作用是更新树莓派的软件数据库，使树莓派相关软件更新为最新版本。

```
sudo apt-get install build - essential
```

该命令的作用是构建 OpenCV 的必要的函数库。

```
sudo apt - get install libavformat-dev
```

该命令的作用是对音频和视频信号进行编码和译码。

```
sudo apt - get install libcv2.4 libcvaux2.4 libhighgui2.4
```

该命令的作用是安装基本的 OpenCV 函数库。

```
sudo apt - get install python - opencv python - numpy
```

该命令的作用是安装针对 OpenCV 的 Python 开发工具。

```
sudo apt - get install opencv - doc
```

该命令的作用是安装 OpenCV 的说明文件。

OpenCV 安装完成后，需在 LX 终端下执行 Python 程序，进入 Python 解释器的环境，并执行 import cv2 命令，尝试导入 OpenCV 函数库。

```
$ python
>>> import cv2
```

此时，若没有出现任何错误信息，则表明 OpenCV 安装成功。

接着，可以使用下列命令查看 OpenCV 函数库的版本。

```
>>> python cv2.__version__
>>> 2.4.9.1
```

# 实例 79　使用 OpenCV 实现静态图片的人脸识别

### 1. 下载人脸识别特征文件

要进行特定影像辨识，最重要的是要有辨识对象的特征文件。OpenCV 已经自带了脸部辨识特征的文件，只要使用 OpenCV 的阶层分类器（Cascade Classifier）特征文件就可以辨识人脸。

可以到 OpenCV 的官方网站下载辨识对象的特征文件，其网址如下：

http://www.opencv.org/release.html

下载压缩文件并解压后，可以在其中的/data/haarcascades/文件夹中找到很多 xml 文件，这些都是采用 Haar 特征的阶层分类器预先训练好的特征文件，包括人脸检测、眼睛检测、微笑检测、耳朵检测、嘴巴检测和鼻子检测等。

### 2. 实现静态图片人脸识别的 Python 程序

实现静态图片人脸识别的 Python 程序 face.py 及注释如图 14-16 所示。

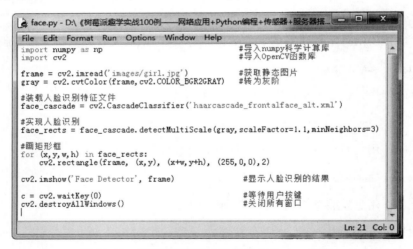

图 14-16　实现静态图片人脸识别的 Python 程序

运行静态图片人脸识别程序后，其结果如图 14-17 所示。如果识别成功，程序就会找到人脸在图片中的位置，并在人脸的四周画出矩形框。

### 3. 实现静态图片眼睛识别的 Python 程序

如果需要识别静态图片中人的眼睛，其实现的方法很简单，只要将以上静态人脸识别程序中的人脸特征文件替换为眼睛特征文件即可。

实现静态图片眼睛识别的 Python 程序 eye.py 及注释如图 14-18 所示。

运行静态图片眼睛识别程序后，其运行结果如图 14-19 所示。

图 14-17　人脸识别程序的运行结果

图 14-18　实现静态图片眼睛识别的 Python 程序

图 14-19　眼睛识别程序的运行结果

# 实例 80　使用 OpenCV 实现动态图片的人脸识别

在实例 79 中，仅仅是使用 OpenCV 视觉库实现了对静态照片进行人脸识别。实际上，OpenCV 视觉库除了可以读取、显示和识别静态图片外，也可以加载及播放动态视频，甚至还可以实时识别摄像头拍摄的动态图片的人脸图像。

实现动态图片人脸识别的 Python 程序 face_move.py 及注释如图 14-20 所示。

图 14-20　实现动态人脸识别的 Python 程序

同理，如果需要识别动态图片中人的眼睛，其实现的方法也很简单，只要将以上动态人脸识别程序中的人脸特征文件替换为眼睛特征文件即可。这里就不再赘述了。

# 第 $15$ 章

# 树莓派与传感器

## 实例 81　红外线人体传感器

在第 14 章中，我们已经学习了摄像头的典型应用，在本章中，我们将继续学习树莓派连接传感器，获取外部世界当前的物理参数（如温度、湿度、地理位置等）的知识。

在本实例中，介绍用树莓派连接红外线人体传感器，制作人体感应监控器，当有人靠近时自动拍照。

在本实例中，除了树莓派，还需要一个红外线人体传感器和一个树莓派 CSI 官方摄像头。

首先需购买一个 HC-SR501 红外线人体传感器，其外形如图 15-1 所示。

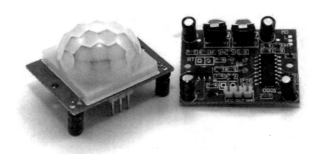

图 15-1　HC-SR501 红外线人体传感器

人体都有恒定的体温，正常平均体温为 36 至 37℃，所以会发出波长为 $10\mu m$ 左右的红外线，HC-SR501 人体红外线传感器就是靠探测人体发射的 $10\mu m$ 左右的红外线而进行工作的。人体发射的 $10\mu m$ 左右的红外线通过菲涅尔滤光片增强后聚集到红外感应元件上。

红外线人体传感器通常采用热释电元件，这种元件在接收到人体红外线辐射温度发生变化时就会失去电荷平衡，向外释放电荷，连接的电路经检测处理后就能产生报警信号。

红外线人体传感器是以探测人体辐射的红外线为目标的,热释电器件对波长为 $10\,\mu m$ 左右的红外辐射非常敏感。

为了仅仅对人体辐射的红外线敏感,在红外线人体传感器的辐射照面通常覆盖有特殊的菲涅尔滤光片,使环境的干扰受到明显的控制。

一旦有人进入探测区域内,人体辐射的红外线通过部分镜面聚焦,并被红外线人体传感器的热释电元件接收,就可以经信号处理而报警。

第一步,将 CSI 摄像头连接到树莓派,并在树莓派上设置摄像头为可用。

在 LX 终端上输入命令:

```
sudo raspi - config
```

将摄像头的工作状态设置成 enable,然后重新启动树莓派。

第二步,如图 15-2 所示,用三根母口的杜邦线将红外人体传感器连接到树莓派。将左侧的 5V 电源线连接到树莓派的第 2 个物理引脚(功能名为 5V),将中间的信号线连接到树莓派的第 12 个物理引脚(功能名为 GPIO.1),并将右侧的地线 GND 连接到树莓派的第 6 个物理引脚(功能名为 GND)。

请注意:当将 5V 电源线和地线 GND 接到树莓派 GPIO 针脚上时千万不要插错! 否则会烧毁红外线人体传感器。

如图 15-3 所示,可以用螺钉旋具调节红外线人体传感器的两个灵敏度参数,即探测距离和封锁时间。

在图 15-3 中,左边的电位器为距离感应调节旋钮。用螺钉旋具顺时针旋转距离感应电位器,可以增大感应距离,感应距离的最大值约为 7m;反之,用螺钉旋具逆时针旋转距离感应电位器,可以减少感应距离,感应距离的最小值约为 3m。

图 15-2　连接红外线人体传感器

图 15-3　调节红外线人体传感器的灵敏度

在图 15-3 中,右边的电位器为封锁时间调节旋钮。传感器在每一次人体感应输出感应信号后(高电平变为低电平),立刻会设置一个封锁时间,在这个封锁时间段内人体传感器不接收任何感应信号。此功能可以调节感应输出时间和封锁时间两者的时间间隔,并且可以有效抑制负载切换过程中产生的各种干扰。

默认的封锁时间为 2.5s,顺时针旋转调节封锁时间电位器,可以延长封锁时间,封锁时间的最大值约为 30s;反之,逆时针旋转调节封锁时间电位器,可以减少封锁时间,封锁时间的最小值约为 0.5s。

第三步,如图 15-4 所示,输入并调试红外线人体传感器的 Python 程序。

```
File   Edit   Format   Run   Options   Window   Help

import RPi.GPIO as GPIO
import time
import picamera

#初始化
def init():
    #设置不显示警告
    GPIO.setwarnings(False)
    #设置读取面板针脚模式
    GPIO.setmode(GPIO.BOARD)
    #设置读取针脚标号
    GPIO.setup(12,GPIO.IN)
    pass

def detct():
    while True:
        curtime = time.strftime('%Y-%m-%d-%H-%M-%S',time.localtime(time.time()))
        #当高电平信号输入时报警
        if GPIO.input(12) == True:
            alart(curtime)
        else:
            continue
        time.sleep(3)

def alart(curtime):
    print curtime + " Someone is coming!"
    #根据时间保存图像文件
    camera.capture(curtime + '.jpg')

#声明摄像头
camera = picamera.PiCamera()
time.sleep(2)
init()
detct()
GPIO.cleanup()
                                                        Ln: 35   Col: 14
```

图 15-4　红外线人体传感器的 Python 程序

在图 15-4 所示的 Python 程序中,前面 3 行的作用是导入 RPi. GPIO、time 和 picamera 模块。

第 4 行为空行。

第 5～13 行创建初始化模块 init(),定义不显示警告,并读取编号为 12 的物理针脚的状态。

第 14 行为空行。

第 15～23 行创建监测模块 detct(),定义一个不停地重复运行的循环,当监测到编号为 12 的物理针脚为高电平信号时报警,并调用报警模块。

第 24 行为空行。

第 25～28 行创建报警模块 alart(curtime),显示"Someone is coming!"(有人来了),并根据时间保存图像文件。

第 29 行为空行。

第 30～35 行为 Python 主程序,首先声明摄像头,延时 2s,接着调用初始化模块 init(),然后调用监测模块 detct(),当用户中止程序时清除 GPIO 资源。

第四步,执行以上 Python 代码,红外线人体传感器开始工作,当感应到有人靠近时会触发报警信号,自动拍摄照片,并且会根据时间保存图像文件。

## 实例 82　用超声波传感器测量距离

**1. HC-SR04 超声波传感器简介**

HC-SR04 是一种典型的超声波传感器,可以与树莓派的 GPIO 接口配合,利用超声波的回声信号来测量距离,其外形如图 15-5 所示。

图 15-5　HC-SR04 超声波传感器

HC-SR04 超声波传感器可以测量 3cm～4m 的距离,精确度可以达到 3mm。它包含了超声波发射器、接收器和控制电路三部分。

**2. HC-SR04 与树莓派的接线方式**

HC-SR04 超声波传感器共有四个引脚,即 Vcc 引脚、GND 引脚、Trig 引脚和 Echo 引脚。在本实例中,HC-SR04 超声波传感器与树莓派的接线方式如图 15-6 所示。

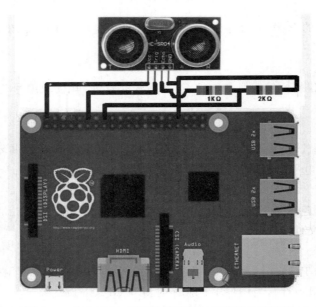

图 15-6　HC-SR04 超声波传感器与树莓派的接线图

在本实例中,HC-SR04 超声波传感器的 Vcc 引脚为＋5V 电源脚,接树莓派 GPIO 的第 2 脚;HC-SR04 超声波传感器的 GND 引脚为地线,接树莓派 GPIO 的 34 脚;Trig 引脚为控制信号脚,接树莓派 GPIO 的 12 脚,用来接收树莓派的控制信号；Echo 引脚为回声信号脚,接树莓派 GPIO 的 16 脚,用来向树莓派传送测距信息。

请注意：Echo 引脚返回的是 +5V 的脉冲信号,而树莓派的 GPIO 引脚只能接收 +3.3V 的信号,超过 +3.3V 则可能会烧毁树莓派的 GPIO 电路。因此,在本例中,用 1 个 1kΩ 和 1 个 2kΩ 的电阻组成分压电路,然后再接到树莓派 GPIO 的 16 脚。

**3. HC-SR04 的工作原理**

超声波传感器测距的工作原理如图 15-7 所示。

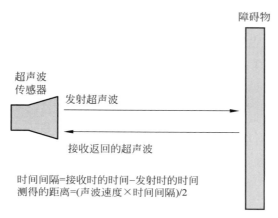

图 15-7　超声波传感器测距的工作原理

HC-SR04 超声波传感器测距的工作过程分为以下五个步骤：

（1）树莓派向 Trig 引脚发送一个 15μs 的脉冲信号。

（2）HC-SR04 超声波传感器接收到脉冲信号后,开始向正前方发送超声波,并把 Echo 引脚设置为高电平,然后等待接收前方障碍物返回的超声波。

（3）当 HC-SR04 超声波传感器接收到返回的超声波时,会把 Echo 引脚变为低电平。

（4）Echo 引脚的高电平持续的时间就是超声波从发射到返回的时间间隔。

（5）将超声波在空气中的传送速度乘以超声波从发射到返回所经历的时间,并且将乘积除以 2,即可计算超声波传感器与障碍物之间的距离,其计算公式如下：

$$距离 ＝（收到回波的时间－发送超声波的时间）×声波速度/2$$

在上述计算公式中,声波速度通常取 340m/s。

**4. HC-SR04 测距的 Python 程序**

HC-SR04 测距的 Python 程序如图 15-8 所示。

在如图 15-8 所示的 Python 程序中,前两行分别导入 RPi. GPIO 和 time 模块。

第 3 行为空行。

第 4 行定义树莓派的 GPIO 的 12 脚接超声波传感器的 Trig 控制信号引脚。

第 5 行定义树莓派的 GPIO 的 16 脚接超声波传感器的 Echo 回声信号引脚。

第 6 行为空行。

第 7 行定义树莓派的 GPIO 工作模式为 BCM 模式。

第 8 行定义树莓派的 Trig 控制信号引脚（即 12 脚）为信号输出脚,初始值为低电平。

第 9 行定义树莓派的 Echo 回声信号引脚（即 16 脚）为信号输入脚。

图 15-8　HC-SR04 测距的 Python 程序

第 10 行为空行。

第 11 行延时 2s。

第 12 行为空行。

第 13～23 行创建一个名字为 checkdist() 的测距模块,首先向 GPIO 编号为 20 的物理引脚发送一个时间间隔为 0.00015s 的超声波,记录发送超声波的时间 t1,等待回波,并记录收到返回的超声波的时间 t2,然后计算距离。

第 24 行为空行。

第 25～28 行执行一个不断重复的循环,在循环中调用 checkdist() 模块测距,并以厘米为单位输出测距的结果,并延时 1s。

第 29～30 行是当用户中止程序时,清除 GPIO 接口的资源。

# 实例 83　连接温度和湿度传感器

### 1. DHT-11 温度和湿度传感器简介

DHT-11 是一种物美价廉的温度和湿度传感器,可以与树莓派的 GPIO 接口配合,测量空气的温度和湿度,其外形如图 15-9 所示。

DHT11 温度和湿度传感器是一款含有已校准数字信号输出的温度和湿度复合传感器,它应用专用的数字模块采集技术和温湿度传感技术,具有较高的灵敏度和稳定性。传感器内部包括一个电阻式感湿元件和一个 NTC 测温元件,因此该传感器具有品质卓越、响应超快、抗干扰能力强、性价比极高等优点。

图 15-9　DHT-11 温度和湿度传感器

**2. DHT11 与树莓派的连接方式**

DHT11 温湿度传感器共有 3 个引脚。树莓派与 DHT11 传感器的连接图如图 15-10 所示。在本实例中,DHT11 温湿度传感器的第 1 脚 Vcc(或标注为＋)引脚为电源线,连接树莓派的 1 号物理引脚(3.3V);第 2 脚 DATA(或标注为 out)为信号线,连接树莓派的 11 号(即 GPIO.17),并且用一只 10kΩ 的上拉电阻连接到树莓派的 1 号物理引脚(3.3V);第 3 脚 GND(或标注为－)为地线,连接树莓派的 9 号物理引脚(GND)。

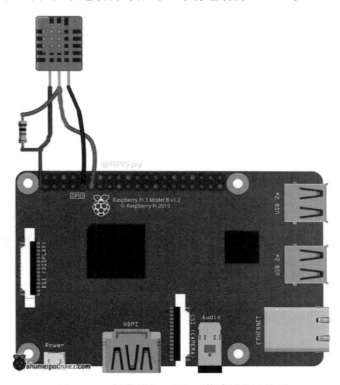

图 15-10　树莓派与 DHT11 传感器的连接图

**3. DHT11 传感器 Python 程序**

DHT11 传感器的 Python 程序如图 15-11 和图 15-12 所示(因程序较长,故分为两张图)。

在如图 15-11 所示的 Python 程序中,第 1、2 行分别导入 RPi.GPIO 模块和 time 模块。

第 3 行为空行。

第 4 行指定树莓派的 channel(即物理引脚 11)连接到 DHT11 的 DATA 信号线。

第 5 行定义一个 data 列表变量,用于存放采样的数据。

第 6 行定义一个整型变量 j,并将 j 的初值设为 0,用于逐位读取采样的数据。

第 7 行为空行。

第 8 行定义树莓派 GPIO 的工作模式为 BCM 模式。

第 9 行为空行。

第 10 行暂停 1s。

第 11 行为空行。

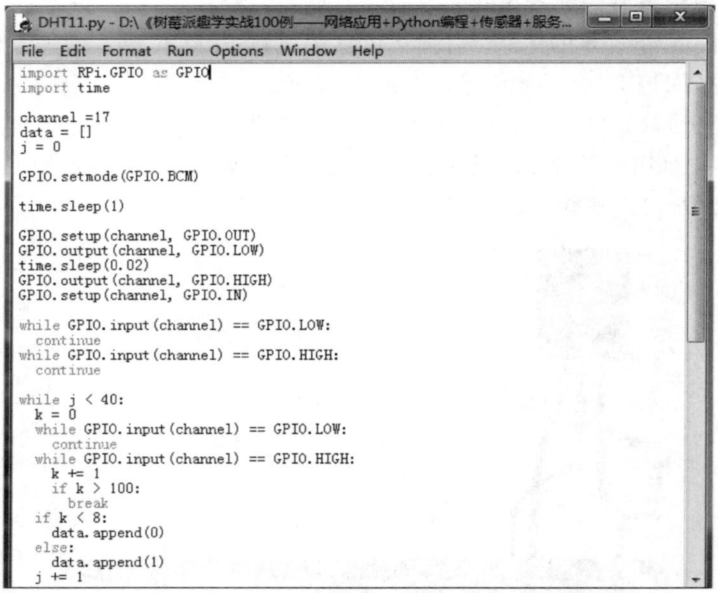


```
import RPi.GPIO as GPIO
import time

channel =17
data = []
j = 0

GPIO.setmode(GPIO.BCM)

time.sleep(1)

GPIO.setup(channel, GPIO.OUT)
GPIO.output(channel, GPIO.LOW)
time.sleep(0.02)
GPIO.output(channel, GPIO.HIGH)
GPIO.setup(channel, GPIO.IN)

while GPIO.input(channel) == GPIO.LOW:
  continue
while GPIO.input(channel) == GPIO.HIGH:
  continue

while j < 40:
  k = 0
  while GPIO.input(channel) == GPIO.LOW:
    continue
  while GPIO.input(channel) == GPIO.HIGH:
    k += 1
    if k > 100:
      break
  if k < 8:
    data.append(0)
  else:
    data.append(1)
  j += 1
```

图 15-11　DHT11 传感器的 Python 程序

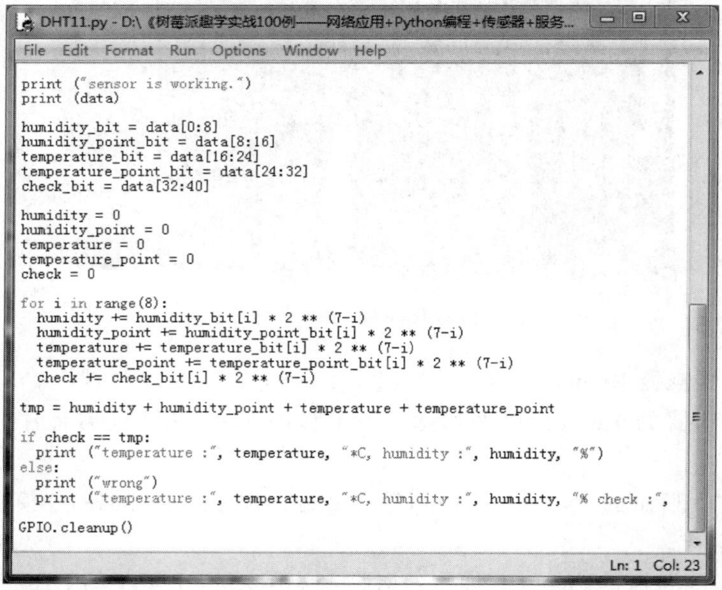


```
print ("sensor is working.")
print (data)

humidity_bit = data[0:8]
humidity_point_bit = data[8:16]
temperature_bit = data[16:24]
temperature_point_bit = data[24:32]
check_bit = data[32:40]

humidity = 0
humidity_point = 0
temperature = 0
temperature_point = 0
check = 0

for i in range(8):
  humidity += humidity_bit[i] * 2 ** (7-i)
  humidity_point += humidity_point_bit[i] * 2 ** (7-i)
  temperature += temperature_bit[i] * 2 ** (7-i)
  temperature_point += temperature_point_bit[i] * 2 ** (7-i)
  check += check_bit[i] * 2 ** (7-i)

tmp = humidity + humidity_point + temperature + temperature_point

if check == tmp:
  print ("temperature :", temperature, "*C, humidity :", humidity, "%")
else:
  print ("wrong")
  print ("temperature :", temperature, "*C, humidity :", humidity, "% check :",

GPIO.cleanup()
```

图 15-12　DHT11 传感器的 Python 程序(续)

第 12 行设置 channel 引脚的工作状态为输出。

第 13 行指定 channel 输出低电平。

第 14 行暂停 0.02s。

第 15 行指定 channel 输出高电平。

第 16 行设置 channel 引脚的工作状态为输入,等待 DATA 送来信号。

第 17 行为空行。

第 18、19 行，如果 channel 为低电平，则继续等待，直到变为高电平。

第 20、21 行，如果 channel 为高电平，则继续等待，直到变为低电平。

第 22 行为空行。

第 23～35 行连续读取 40 位二进制数据，并且保存到变量 data 中。

图 15-12 为后续的 DHT11 传感器程序。在如图 15-12 所示的 Python 程序中，第 1 行显示"sensor is working"。

第 2 行显示变量 data 的值。

第 3 行为空行。

第 4～8 行定义湿度变量（humidity）、温度变量（temperature）和校验位变量。

第 9 行为空行。

第 10～14 行，将湿度变量（humidity）、温度变量（temperature）和校验位变量的初值设置为 0。

第 15 行为空行。

第 16～21 行，从 data 变量的 40 位二进制数据中提取温度数据和湿度数据，将结果保存到温度变量和湿度变量中，并计算校验变量。

第 22 行为空行。

第 23 行生成变量 tmp，用于校验采集到的数据是否正确。

第 24 行为空行。

第 25、26 行，如果校验结果正确，则显示温度和湿度。

第 27～29 行，如果校验结果错误，则显示出错的提示信息。

第 30 行为空行。

第 31 行为清空 GPIO，使 GPIO 恢复到初始化状态。

**4. DHT11 传感器 Python 程序的执行结果**

在树莓派 LX 终端的工作界面中，输入命令 python dht11.py，执行 DHT11 温湿度传感器测量程序，执行结果如图 15-13 所示。从图 15-13 中可以看出共测量了两次，第 1 次测量 DHT11 传感器工作错误，第 2 次测量 DHT11 传感器工作正常，当前温度为 31℃，湿度为 70%。

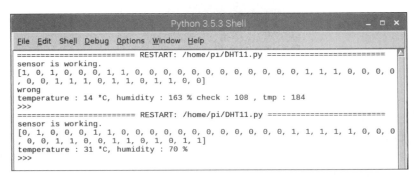

图 15-13　DHT11 传感器的测量结果

## 实例 84　开启树莓派 3B＋或 4B 的硬件串行接口

树莓派包含两个串行接口(简称串口),一个命名为硬件串行接口(/dev/ttyAMA0),另一个命名为 mini 串行接口(/dev/ttyS0)。硬件串行接口由硬件电路实现,有由硬件产生的时钟源,性能稳定,工作可靠。而 mini 串行接口的时钟源是由 CPU 内核时钟提供,工作时受到内核时钟的影响,性能不稳定。

serial0 是 GPIO 引脚对应的串行接口,serial1 是蓝牙对应的串行接口。

使用串行接口前先查看默认的映射关系,可以使用命令:

ls － l /dev

这个命令执行的结果如图 15-14 所示。

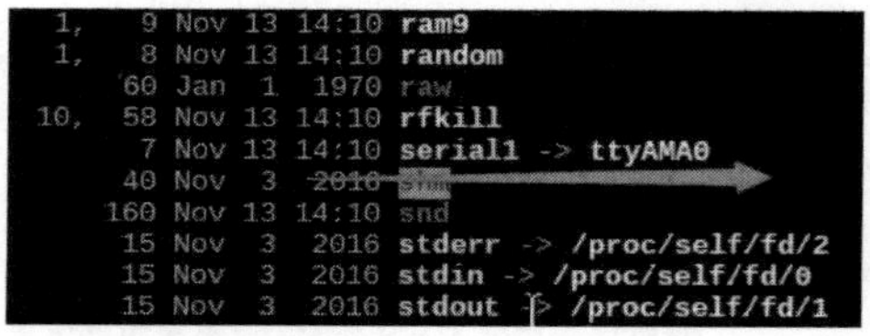

图 15-14　当前默认的串口只有 serial1-ttyAMA0(蓝牙)

图 15-14 所示的信息表示,当前并没有启用 serial0(GPIO 串口),而只有 serial1(蓝牙)即 ttyAMA0(硬件串口)在工作。

接着,需要启用 serial0(GPIO 串口),执行以下命令:

sudo raspi － config

找到 Interfacing 选项,找到 serial,第一个提问选 NO(否),第二个提问选 YES(是)。设置完成后,会提示需要重新启动树莓派。重新启动树莓派后,再次执行"ls -l /dev"命令查看串口默认的映射关系,其结果如图 15-15 所示。

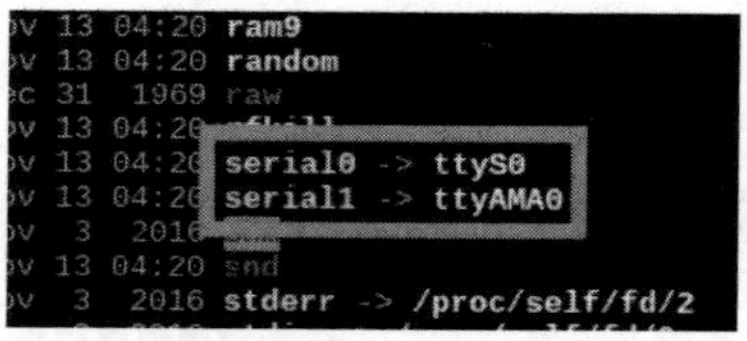

图 15-15　当前默认的串口为 serial0-ttyS0 和 serial1-ttyAMA0

在图 15-15 中,当前 serial0(GPIO 串口)使用的是 ttyS0(即 mini 串口),而 serial1(蓝牙)使用的是 ttyAMA0(即硬件串口)。也就是说,当前树莓派 3B＋(或树莓派 4B)的硬件串口默认分配给了蓝牙接口,而 mini 串口则分配给了引脚 GPIO Tx 和 GPIO Rx。

如果要使用稳定可靠的硬件串口 ttyAMA0,就需要将树莓派 3B＋(或树莓派 4B)的硬件串口与 mini 串口默认映射关系对换。这个需求树莓派官方也考虑到了,并已经预先在树莓派系统中存放了一个实现这个功能的配置文件。

在 Jessie 版本树莓派系统中,这个配置文件为/boot/overlays/pi3-miniuart-bt-overlay.

dtb,而在 stretch 版本树莓派系统中,这个配置文件为/boot/overlays/pi3-miniuart-bt. dtbo。如果要使这个配置文件发挥作用,只需要在/boot/config. txt 文件的末尾添加一行代码即可。需管理员权限编辑/boot/config. txt 文件(注:nano 是树莓派 LX 终端环境下的文本编辑器)。

```
sudo  nano  /boot/config.txt
```

在 config. txt 文件的最后一行添加以下代码:

```
dtoverlay = pi3 - miniuart - bt
```

修改完成以后,按 Ctrl+O 组合键保存文件,并按 Ctrl+X 组合键退出,此后,需要重新启动树莓派,重启后再次查看串口默认的映射关系,会看到如图 15-16 所示的结果。

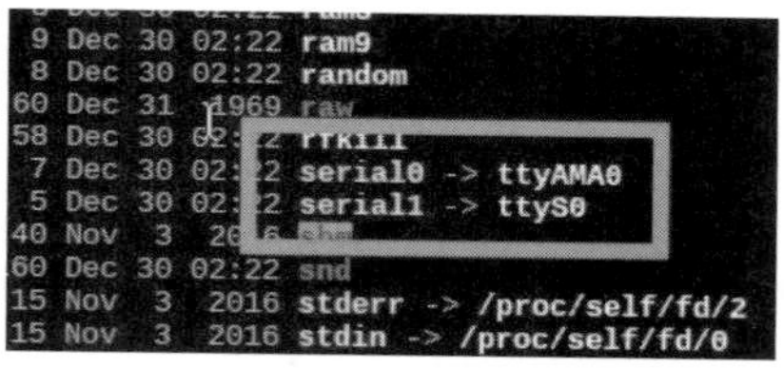

图 15-16  当前默认的串口为 serial0-ttyAMA0 和 serial1-ttyS0

在图 15-16 中,当前 serial0(GPIO 串口)使用的是 ttyAMA0(硬件串口),而 serial1(蓝牙)使用的是 ttys0(mini 串口)。

如果树莓派的屏幕上出现如图 15-16 所示的信息,则表示已经成功开启了树莓派 3B+ (或树莓派 4B)的硬件串行接口。

# 实例 85  树莓派连接 GPS 卫星定位模块

### 1. GPS 卫星定位系统的工作原理

简单地说,GPS 卫星定位系统是一个由覆盖全球的 24 颗卫星组成的卫星系统。这个系统可以保证在任意时刻,地球上任意一点至少可以同时观测到 4 颗卫星,以保证通过卫星信号可以测算出该观测点的经度、纬度和高度,以便实现导航、定位、授时等功能。

本实例通过连接 GPS 卫星定位模块,使树莓派变身为一台卫星定位装置,测定当前所处的地理位置,即地球的经度和纬度。

ATGM336H 是典型的串行接口的 GPS 卫星定位模块,其外形如图 15-17 所示。

GPS 是由美国国防部研制建立的一种具有全方位、全天候、全时段、高精度的卫星导航系统,能为全球用户提供低成本、高精度的三维位置、速度和精确定时等导航信息。

GPS 卫星定位系统是以全球 24 颗定位人造卫星为基础,向全球各地全天候地提供三维位置、三维速度等信息的一种无线电导航定位系统。它由三部分构成,一是地面控制部分,由主控站、地面天线、监测站及通信辅助系统组成。二是空间部分,由 24 颗卫星组成,分布在 6 个轨道中。三是用户部分,由 GPS 接收机和卫星天线组成。民用的 GPS 定位精度可达 10m 内。

GPS 卫星定位系统的基本原理是测量出已知位置的卫星到用户接收机之间的距离,然

图 15-17　ATGM336H GPS 卫星定位模块

后综合多颗卫星的数据就可计算出接收机的具体位置。要达到这一目的,卫星的位置可以根据星载时钟所记录的时间在卫星星历中查出。而用户到卫星的距离则通过记录卫星信号传播到用户所经历的时间,再将其乘以光速得到。

GPS 卫星定位模块(以下简称 GPS 模块)即用户部分,它像收音机一样接收、解调卫星的广播 C/A 码信号,中心频率为 1575.42MHz。GPS 模块并不播发信号,属于被动定位。通过运算与每个卫星的伪距离,采用距离交会法求出接收机的经度、纬度、高度和时间修正量这四个参数,特点是定位速度快,但误差大。初次定位的模块至少需要 4 颗卫星参与计算,称为 3D 定位,如果只有 3 颗卫星则只能实现 2D 定位,精度不佳。GPS 定位模块通过串行通信口不断输出 NMEA 格式的定位信息及辅助信息,供接收装置接收,在本实例中,接收装置就是树莓派。

### 2. 树莓派与 GPS 定位模块的连接

树莓派与 GPS 模块的连接方法如图 15-18 所示。

在图 15-18 中,GPS 模块的 VCC 脚连接到树莓派的物理编号的第 1 脚(即＋3.3V 电源),GPS 模块的 GND 脚连接到树莓派的物理编号的第 6 脚(即地线 GND);GPS 模块的 TX 脚(发送信号脚)连接到树莓派的物理编号的第 8 脚(即 RXD 接收信号脚);GPS 模块的 RX 脚(接收信号脚)连接到树莓派的物理编号的第 10 脚(即 RXD 发送信号脚)。

树莓派连接 GPS 模块后,首先执行以下命令查看 GPS 模块是否连接正常。

```
ls /dev/ttyAMA0
```

其中,ttyAMA0 就是串行接口的 GPS 模块的设备名。

### 3. 关闭蓝牙

因为我们不再使用蓝牙,所以可以关掉蓝牙设备,使用以下两个命令:

```
sudo systemctl diable hciuart
sudo nano /lib/systemd/system/hciuart.service
```

图 15-18　树莓派与 GPS 定位模块的连接

将文件中的 ttyAMA0 修改为 ttyS0,如图 15-19 所示。

**4. 安装串口通信软件**

GPS 模块接收的信号需要解码之后才能使用,为此,需要在 LX 终端界面中安装串口工具软件包 minicom,具体的安装命令如下:

```
sudo apt-get install minicom
```

安装完成后,即可使用以下命令运行 minicom 软件包:

```
sudo minicom -s
```

执行以上命令后,将会出现如图 15-20 所示的 minicom 的主菜单。

图 15-19　编辑 hciuart. service 文件

图 15-20　minicom 的主菜单

接着,选择第三项 Serial port setup(串口设置),然后会出现如图 15-21 所示的画面。

参照图 15-21 修改 minicom 的配置参数,将参数 Serial Device(串行设备)设置为/dev/

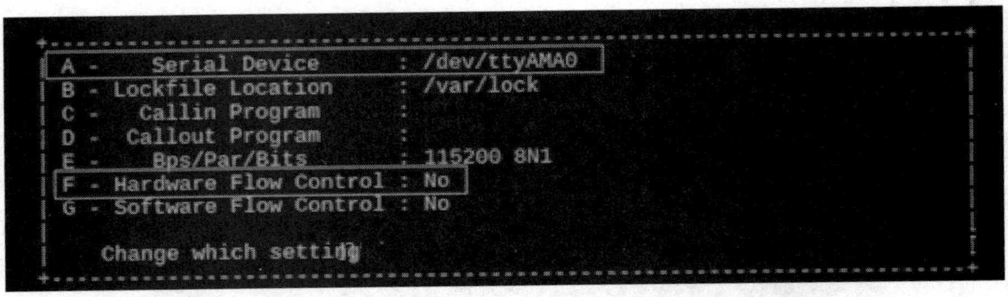

图 15-21　修改 minicom 的配置参数

ttyAMA0，并将参数 Bps/Par/Bits 设置为 9600。

到这一步，进行串口内部环回测试，如图 15-22 所示，短接 GPIO14（物理编号为 8 的引脚）和 GPIO15（物理编号为 10 的引脚）。

接着，在 minicom 界面中打开回显功能，具体步骤是首先按 Ctrl＋A 组合键，然后按 Z 键会回到配置界面，再按 E 键打开回显功能。

在 minicom 的回显状态下，每当用户输入一个字符时，在屏幕上会出现两次这个字符，如图 15-23 所示，则表示回显测试成功。

图 15-22　短接 GPIO14 和 GPIO15

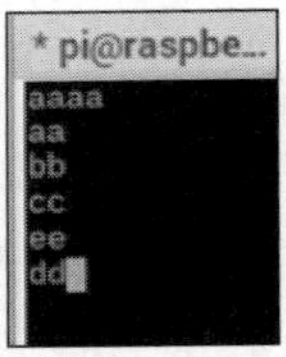

图 15-23　回显状态的测试结果

接着关闭树莓派，拔除在回显测试时所使用的短路跳接线，然后参照图 15-18 所示的方法连接树莓派和 GPS 模块。

接着，使用 minicom 命令获取从串口收到的 GPS 卫星定位数据，命令如下：

```
minicom － b 9600 － o － D /dev/ttyAMA0
```

其中，-b 用于设定波特率，由 GPS 模块的具体参数而定；-o 表示不初始化 Modem 且不锁定文件；-D 设定接口为/dev/ttyAMA0。执行命令后将会出现如图 15-24 所示的画面。

在这里，以＄GNRMC 开头的一行数据包含地理位置信息。但是，图 15-24 中用长方框围起来的以＄GNRMC 开头的两行数据都没有找到有用信息，原因是 GPS 信号太弱了。所以，需把天线的一头放到窗外，则会出现如图 15-25 所示的画面。

在图 15-25 中，长方形围起来的是有用的卫星定位信息，各标识的含义如下。

GN：全球导航卫星系统（GNSS-global navigationsatellite system）。

BD：北斗导航卫星系统（COMPASS）。

GGA：时间、位置、定位数据。

图 15-24　没有收到卫星定位数据

图 15-25　收到卫星定位数据

GLL：经纬度，UTC 时间和定位状态。

GSA：接收机模式和卫星工作数据，包括位置和水平/竖直稀释精度等。稀释精度 (Dilution of Precision)是个地理定位术语。一个接收器可以在同一时间得到许多颗卫星定位信息，一般来说，只要收到四颗卫星信号就可以精确定位了。

GSV：接收机能接收到的卫星信息，包括卫星 ID、海拔、仰角、方位角、信噪比 (SNR)等。

RMC：包括日期、时间、位置、方向、速度等数据，这是最常用的一个消息。

VTG：方位角与对地速度。

MSS：信噪比，信号强度，频率，比特率。

ZDA：时间和日期数据。

**4. 用 Python 程序读取位置信息**

可以用 Python 程序识别出以 $ GNRMC 开头的某一行信息，从中自动提取出并显示时间、经度和纬度数据。具体的 Python 程序如图 15-26 所示。

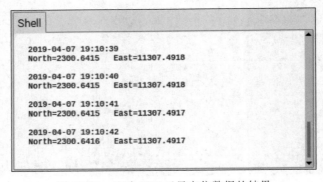

```
gps1.py - /home/pi/趣学树莓派100例/GPS编程/gps1.py (3.5.3)

File  Edit  Format  Run  Options  Window  Help

import serial
import time
ser = serial.Serial("/dev/ttyAMA0",9600)
ser.flushInput()
while True:
    line = str(ser.readline())
    if line.find("$GNRMC")>-1 and line[20:21]=="A":

        Year1="20"+line[61:63]
        Month1=line[59:61]
        Day1=line[57:59]

        Hour1=str(int(line[9:11])+8)
        Min1=line[11:13]
        Second1=line[13:15]

        print(Year1+"-"+Month1+"-"+Day1+" "+Hour1+":"+Min1+":"+Second1)

        North1=line[22:31]
        East1=line[34:44]
        print("North="+North1+"    "+"East="+East1)
        print("  ")
                                                        Ln: 23  Col: 0
```

图 15-26　显示时间、经度和纬度数据的 Python 程序

以上显示 GPS 卫星定位数据的 Python 程序的运行效果如图 15-27 所示。

```
Shell

    2019-04-07 19:10:39
    North=2300.6415    East=11307.4918

    2019-04-07 19:10:40
    North=2300.6415    East=11307.4918

    2019-04-07 19:10:41
    North=2300.6415    East=11307.4917

    2019-04-07 19:10:42
    North=2300.6416    East=11307.4917
```

图 15-27　显示 GPS 卫星定位数据的结果

# 第 16 章

# 用树莓派搭建服务器

## 实例 86　用树莓派搭建 Lighttpd 服务器

### 1. Lighttpd 服务器简介

Lighttpd 是由德国软件工程师开发的开放源码网页服务器软件,其基本的目的是提供一个高性能的网站,构建一个安全、快速、兼容性好并且灵活的网页服务器(Web Server)环境。Lighttpd 具有内存开销极低、CPU 占用率低、效率高以及丰富的模块等特点。

Lighttpd 的商标如图 16-1 所示。到 2019 年 1 月为止,其最新版本是 1.4.53。

Lighttpd 服务器是一个安全、快速、兼容且非常灵活的 Web 服务器,是众多开源(OpenSource)的、轻量级的网页服务器中较为优秀的一个,支持 FastCGI、CGI、Auth、输出压缩(output compress)、URL 重写和 Alias 等重要功能。

图 16-1　Lighttpd 的商标

Lighttpd 支持的操作系统众多,包括 Linux 系列、Windows 系列和 Android 等。

### 2. 安装 Lighttpd 服务器

在树莓派上安装 Lighttpd 服务器的方法很简单,如图 16-2 所示,只要在 LX 终端界面上使用管理员权限执行"sudo apt-get install lighttpd"命令即可。在命令执行过程中,当提问"你希望继续执行吗?[Y/n]"时,输入字母 Y(或 y)继续安装。

### 3. 试用 Lighttpd 服务器

Lighttpd 服务器安装完成后,即可在网页浏览器中输入本机的 IP 地址 127.0.0.1,访问默认的 Lighttpd 主页,其结果如图 16-3 所示。

请注意:Lighttpd 服务器的主页文件名必须是 index. html 或 index. lighttpd. html 或 index. lighttpd. htm,并且这个主页文件必须保存在/var/www/html/文件夹中。如果需要将主页修改为自定义的内容,则必须编辑并替换这个主页文件,具体的操作步骤如下。

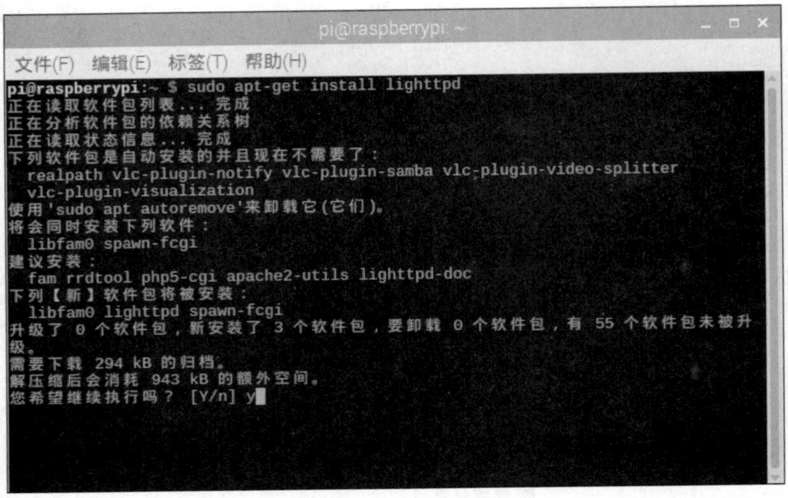

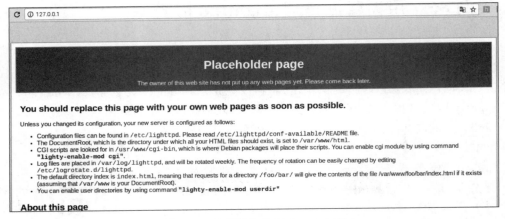

图 16-2　安装 Lighttpd

图 16-3　访问默认的 Lighttpd 主页

首先，如图 16-4 所示，用管理员权限执行"sudo nano /var/www/index.htm"命令，编辑一个最简单的主页文件 index.htm，输入一行 html 代码"< h3 > hello,world! < /h3 >"，即要在浏览器上显示"hello,world!"。按 Ctrl＋O 组合键保存文件，并按 Ctrl＋X 组合键退出。

接着，在网页浏览器中输入本机的 IP 地址 127.0.0.1，发现仍然显示如图 16-3 所示的默认网页。分析其原因，是因为 Lighttpd 的主页文件必须在/var/www/html/文件夹中，并且主页文件应命名为 index.lighttpd.html 或 index.lighttpd.htm。

如图 16-5 所示，在 LX 终端界面中，进入/var/www/html/文件夹，并使用管理员权限执行命令"sudo mv index.lighttpd.html index0.html"，将原来的主页文件 index.lighttpd.html 改名为 index0.html。

然后，在 LX 终端界面中，使用管理员权限，执行命令"sudo cp /var/www/index.htm /var/www/html/index.lighttpd.html"，将刚才保存在/var/www/的文件夹中的文件 index.htm 复制到/var/www/html/文件夹，并改名为 index.lighttpd.html。

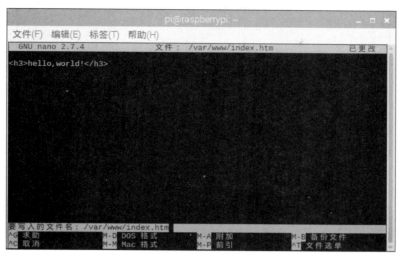

图 16-4 编辑主页文件

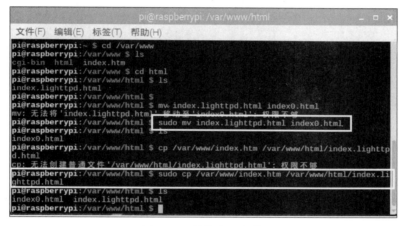

图 16-5 替换主页文件

最后,再次在网页浏览器中输入本机的 IP 地址 127.0.0.1,即可显示如图 16-6 所示的自定义的网页。

**4. 卸载 Lighttpd 服务器**

由于 Lighttpd 服务器与以下介绍的 Apache 服务器会产生冲突,因此,如果下一步需要安装 Apache 服务器,则需要先卸载 Lighttpd 服务器。

其实,在树莓派中卸载 Lighttpd 的方法很简单,如图 16-7 所示,在 LX 终端界面上,用管理员权限执行命令"sudo apt-get remove lighttpd"。在命令执行过程中,当提问"你希望继续执行吗?[Y/n]"时,输入字母 y 继续卸载。

卸载 Lighttpd 后,如果再次在网页浏览器中输入本机的 IP 地址 127.0.0.1,将会显示如图 16-8 所示的"无法访问此网站"的画面,即不能浏览到网站的主页。

如果需要了解更多 Lighttpd 的知识,可访问其官方网站 http://www.lighttpd.net。

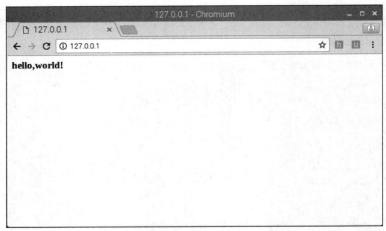

图 16-6　显示自定义的网页

图 16-7　卸载 Lighttpd

图 16-8　无法访问此网站

## 实例 87　用树莓派搭建 Apache 服务器

### 1. Apache 服务器简介

Apache 也是一个开放源码的网页服务器软件,可以在大多数计算机操作系统中运行,由于其多平台和安全性被广泛认可,并被大规模使用,是最流行的 Web 服务器软件之一。它快速、可靠并且可通过简单的 API 扩展,将 Perl/Python 等解释器编译到服务器中。

Apache 服务器是一个模块化的服务器,源于 NCSAhttpd 服务器,后来经过多次优化,发展成为世界使用排名第一的 Web 服务器软件。它可以运行在几乎所有广泛使用的计算机平台上。

Apache 的商标如图 16-9 所示,图案是一根羽毛,其含义是像羽毛一样轻巧。

图 16-9　Apache 的商标

Apache 的名字取自"a patchy server"的读音,意思是充满补丁的服务器,因为它是自由软件,所以不断有开发者来为它增加新的功能和特性,更正原来的缺陷。Apache 的特点是简单、速度快、性能稳定,并且可用作代理服务器。

本来 Apache 只用于小型或试验 Internet 网络,后来逐步扩充到各种 UNIX 系统中,尤其对 Linux 系统的支持相当完美。

到目前为止 Apache 仍然是世界上使用得最多的 Web 服务器,市场占有率达 60% 左右。世界上很多著名的网站如 Amazon、Yahoo!、W3 Consortium、Financial Times 等都是 Apache 的产物,它的成功之处主要在于它的源代码开放,有一支开放的开发队伍,支持跨平台的应用(可以运行在几乎所有的 UNIX、Windows、Linux 系统平台上)以及它的可移植性等方面。

如果需要了解更多 Apache 的知识,可访问其官方网站 http://www.apache.org/。

### 2. 安装 Apache 服务器

在安装 Apache 之前,首先要更新树莓派的软件源信息,这样可以安装最新版的 Apache 服务版本。更新树莓派软件源信息的具体命令如下:

```
sudo apt-get update
```

在软件源信息更新完成后,可以使用"sudo apt-get install apache2"命令来安装 Apache。在命令执行过程中,当提问"你希望继续执行吗?[Y/n]"时,输入字母 y 继续安装。

Apache 安装完成后,可以尝试采用默认配置来启动 Apache 服务,以便查看是否安装正常。启动、重启和关闭 Apache 服务的命令如下。

启动:sudo /etc/init.d/apache2 start

重启:sudo /etc/init.d/apache2 restart

关闭:sudo /etc/init.d/apache2 stop

通过上面的更新和安装,Apache 服务器就基本安装完成了。

### 3. 试用 Apache 服务器

请注意:Apache 的主页文件名必须是 index. htm 或 index. html,并且这个主页文件必须保存在/var/www/html/文件夹中。如果需要将主页修改为我们自己定义的内容,则必须编辑并替换这个主页文件内容,具体的操作步骤如下。

首先,如图 16-10 所示,在树莓派的 LX 终端界面上,用管理员权限执行"sudo nano /var/www/html/index. htm"命令,编辑名为 index. htm 的主页文件,并且指定将主页文件 index. htm 保存到/var/www/html/文件夹中。

接着,如图 16-11 所示,输入一行 html 代码"<h3>hello,apache!</h3>",在浏览器上显示"hello,apache!"。按 Ctrl+O 组合键保存文件,并按 Ctrl+X 组合键退出。

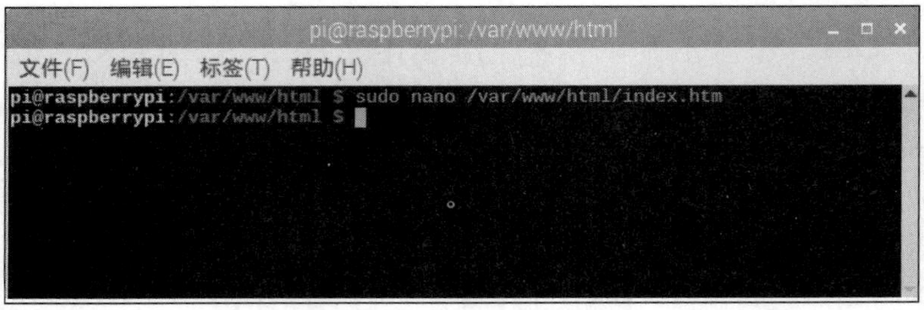

图 16-10　编辑主页文件

图 16-11　保存主页文件

然后,打开网页浏览器,并输入本机的 IP 地址 127. 0. 0. 1,如果能看到如图 16-12 所示的结果,则表示 Apache 服务器工作正常。

### 4. 卸载 Apache 服务器

由于 Apache 服务器与以下介绍的 Nginx 服务器也会产生冲突,因此,如果下一步我们需要安装 Nginx 服务器,则同样应卸载 Apache 服务器。

卸载 Apache 服务器的方法与本书实例 86 中卸载 Lighttpd 服务器的方法相似,在 LX 终端界面上使用"sudo apt-get remove apache2"命令即可。

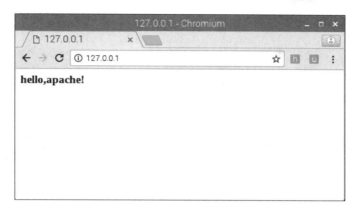

图 16-12　浏览主页文件

# 实例 88　用树莓派搭建 Nginx 服务器

**1. Nginx 服务器简介**

Nginx 也是一款轻量级的 Web 服务器。其特点是占用内存少，并发能力强，它因为稳定性强、丰富的功能集、示例配置文件完善和低系统资源的消耗而闻名于世。

Nginx 的设计者是俄罗斯的软件工程师伊戈尔·赛索耶夫（Igor Sysoev），如图 16-13 所示。Nginx 服务器是伊戈尔·赛索耶夫为俄罗斯访问量第二的网站 www.rambler.ru 开发的，Nginx 的第一个公开版本 0.1.0 发布于 2004 年 10 月 4 日。

图 16-13　Nginx 的设计者

事实上 Nginx 的性能确实在同类型的网站服务器中表现更佳。由于其优异的性能，目前中国使用 Nginx 服务器的网站众多，包括百度、京东、新浪、网易、腾讯和淘宝等知名网站。

相对于功能强大的 Apache，简洁轻巧的 Nginx 也许更适合于树莓派。如果需要了解更多有关 Nginx 服务器的知识，可访问其官方网站 https://www.nginx.com/。

**2. 安装 Nginx 服务器**

在安装 Nginx 服务器之前，同样需要更新树莓派的软件源信息，因此，首先用管理员权限执行"sudo apt-get update"命令，如图 16-14 所示。

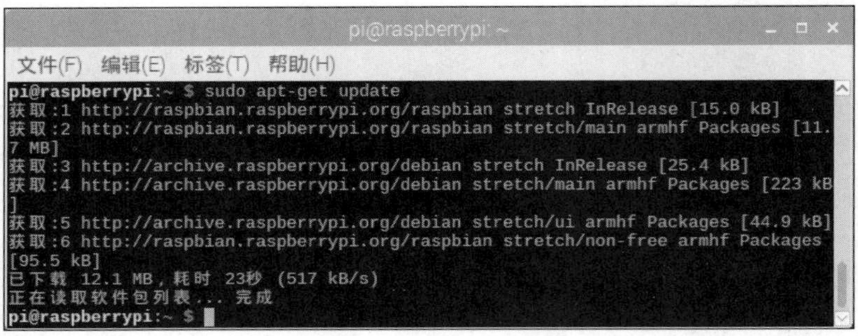

图 16-14　更新树莓派的软件源信息

接着，用管理员权限在树莓派的 LX 终端界面上执行"sudo apt-get install nginx"命令，来安装 Nginx 服务器，如图 16-15 所示。

图 16-15　安装 Nginx 服务器

当 Nginx 服务器安装完成后，打开网页浏览器，输入本机地址 127.0.0.1，如果能够看到如图 16-16 所示的 Nginx 的欢迎画面，则表明 Nginx 已经安装成功。

图 16-16　Nginx 的欢迎画面

此后，只要执行"sudo /etc/init.d/nginx start"命令，即可启动 Nginx 服务器；而执行"sudo /etc/init.d/nginx stop"命令，即可关闭 Nginx 服务器。

### 3. 试用 Nginx 服务器

如图 16-17 所示，Nginx 服务器的主页文件名为 index.nginx-debian.html，并且存放在树莓派的/var/www/html/文件夹中。

图 16-17　Nginx 服务器的主页文件

如图 16-18 所示，请在树莓派的 LX 终端界面上使用管理员权限，执行以下的命令来修改主页文件：

```
sudo nano /var/www/html/index.nginx - debian.html
```

图 16-18　编辑 Nginx 主页文件

接着，删除主页文件 index.nginx-debian.html 中原来的所有内容，并且重新输入以下的一行 html 代码：

```
< h3 > hello, Nginx!</h3 >
```

然后，如图 16-19 所示，按 Ctrl＋O 组合键保存修改好的主页文件，并按 Ctrl＋X 键退出编辑状态。

最后，再次打开网页浏览器，并且在浏览器的地址栏输入本机的 IP 地址 127.0.0.1，则会看到修改后的主页的内容，其结果如图 16-20 所示。

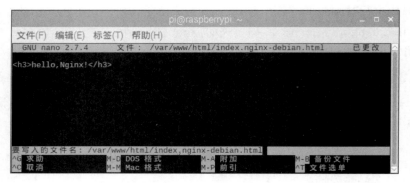

图 16-19 保存主页文件

图 16-20 查看修改后的 Nginx 主页

## 实例 89 安装和使用 MySQL 数据库

### 1. MySQL 数据库简介

MySQL 是由瑞典 MySQL AB 公司开发的，目前属于 Oracle 公司所有。MySQL 因为其速度、可靠性和适应性均表现出众而备受关注。

MySQL 是一种开放源代码的关系型数据库管理系统（RDBMS），是最常用的数据库管理系统，它采用结构化查询语言（SQL）来对数据库进行管理。

MySQL 是开放源代码的，因此任何人都可以在通用公共许可证（General Public License）的许可下下载并根据个性化的需要对其进行修改。

数据库（Database）是按照数据结构来组织、存储和管理数据的仓库。每个数据库都有一个或多个不同的 API 用于创建、访问、管理、搜索和复制所保存的数据。

我们可以使用关系型数据库管理系统来存储和管理大数据量。所谓的关系型数据库，是建立在关系模型基础上的数据库，借助于集合等数学概念和方法来处理数据库中的数据。

### 2. 安装 MySQL

使用管理员权限运行 apt-get 安装最新版的 MySQL 及 Python 编程接口（之后用于数据库编程）：

```
$ sudo apt - get install mysql - server python - mysqldb
```

根据网络下载速度的不同,安装过程也许需要花费 10min 甚至更长的时间。如图 16-21 所示,在安装过程中,当提问"你希望继续执行吗?[Y/n]"时,输入字母 y 继续安装。在安装过程中,如果需要输入 root 管理员的密码,需输入并牢记这个密码,以后这个密码将用于登录数据库系统。

图 16-21　安装 MySQL

### 3. 试用 MySQL

MySQL 安装后,即可通过以下命令来启动 MySQL,根据屏幕上的提示信息输入在安装过程中设置的密码:

```
mysql - u root - p
Enter password:
```

输入正确的密码后,将出现如图 16-22 所示的启动画面。此时,如果输入"help;"或"\h"命令,屏幕会出现帮助信息,给出 MySQL 支持的命令格式和使用说明。

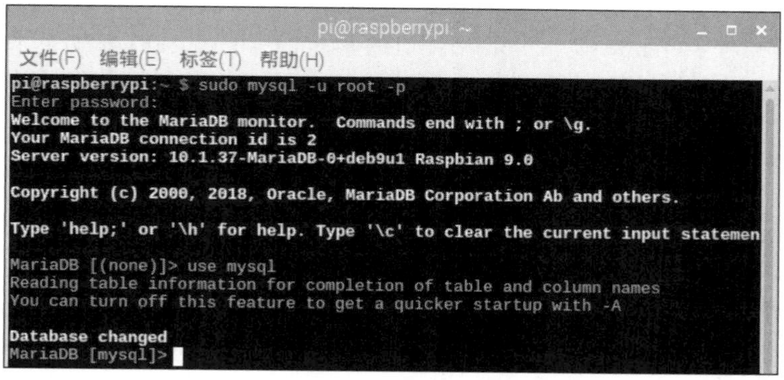

图 16-22　MySQL 的启动画面

**注意**:当输入一条 MySQL 命令时,必须用分号";"来结尾,然后才能按 Enter 键,否则 MySQL 管理系统会认为输入的命令有许多行,而前面已经输入并且按了 Enter 键的命令并未结束,从而拒绝执行命令,直到输入了分号";"和 Enter 键才执行。

第一步,如图 16-22 所示,可以输入"use mysql"命令打开 mysql 数据库。

第二步,如图 16-23 所示,执行"create table mytable (name varchar(10),year int);"命令,创建一个名字为 mytable 的学生档案表。表中包括两个数据项,第一个数据项是 name (姓名),其数据类型是长度为 10 的字符串;第二个数据项是 year(年龄),其数据类型是一个整数。

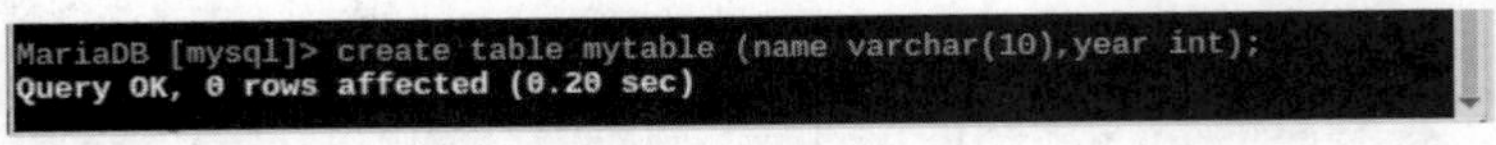

图 16-23　创建学生档案表

第三步,如图 16-24 所示,依次输入"insert into mytable values('xiaoli',14);"命令、"insert into mytable values('xiaoming',12);"命令和"insert into mytable values('xiaohong', 13);"命令,向学生档案表添加三个学生的资料。

此时,可以输入"select ＊ from mytable;"命令查看表中的所有数据。

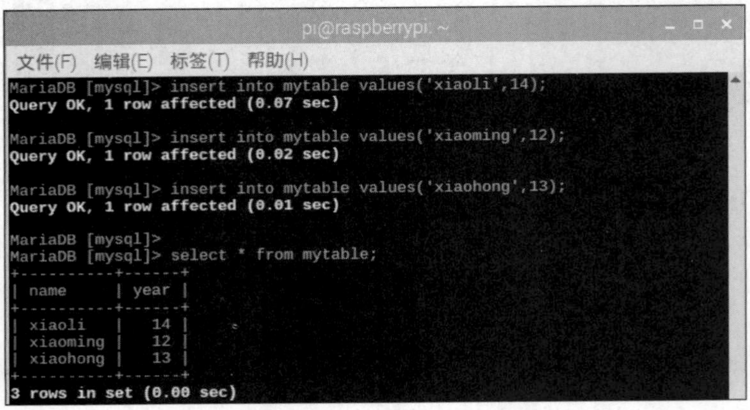

图 16-24　向学生档案表添加数据

第四步,如图 16-25 所示,可以输入"update mytable set year＝15 where name＝ 'xiaoli';"命令,将名字(name)为 xiaoli(小李)的学生的年龄(year)修改为 15 岁。然后,输入"select ＊ from mytable;"命令查看修改以后的表中的所有数据。

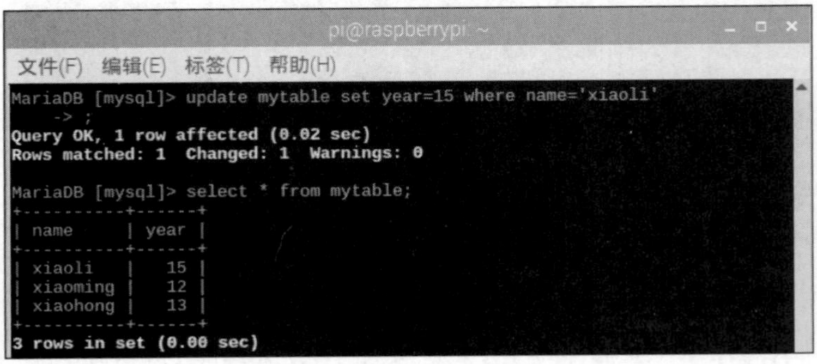

图 16-25　更新学生档案表

第五步,如图 16-26 所示,输入"delete from mytable where name='xiaoming';"命令,删除学生档案表中小明的资料,然后,再次输入"select ＊ from mytable;"命令,查看删除小明资料以后表中的所有数据。

```
                              pi@raspberrypr ~                    _ □ ×
文件(F) 编辑(E) 标签(T) 帮助(H)
MariaDB [mysql]> delete from mytable where name='xiaoming';
Query OK, 1 row affected (0.06 sec)

MariaDB [mysql]> select * from mytable;
+-----------+------+
| name      | year |
+-----------+------+
| xiaoli    |   15 |
| xiaohong  |   13 |
+-----------+------+
2 rows in set (0.00 sec)

MariaDB [mysql]>
```

图 16-26   删除学生档案表中小明的资料

最后,如果需要退出 MySQL 系统,可以使用 quit 退出命令。

# 实例 90   安装 PHP 服务器

## 1. PHP 服务器简介

PHP 服务器的商标是一只大象的图案,如图 16-27 所示,目前的最新版本为 7.0。

在学习 PHP 服务器之前,需要了解 HTML 网页的工作原理。网页浏览者在客户端通过浏览器向服务器发出页面请求。

用 PHP 做出的动态页面与其他的编程语言相比,PHP 是将程序嵌入到 HTML(标准通用标记语言下的一个应用)文档中去执行,执行效率比完全生成 HTML 标记的 CGI 要高许多;PHP 还可以执行编译后代码,编译可以达到加密和优化代码运行,使代码运行更快。

图 16-27   PHP 的商标

如果要了解更多 PHP 的知识,可访问其官方网站 www.php.net。

## 2. 在树莓派上安装 PHP 服务器

首先,参考本书的实例 88 所述的步骤安装好 Nginx 服务器。

接着,在树莓派的 LX 终端界面上依次执行以下命令,安装 PHP7.0 所有相关文件:

```
sudo apt install php7.0 - fpm - y
sudo apt install php7.0 - cli - y
sudo apt install php7.0 - curl - y
sudo apt install php7.0 - gd - y
sudo apt install php7.0 - mcrypt - y
sudo apt install php7.0 - cgi - y
sudo apt install php7.0 - mysql - y
```

然后,在树莓派的 LX 终端界面上继续执行以下命令,启动 PHP 服务:

```
sudo systemctl restart php7.0 - fpm
```

如果安装成功，接下来需要配置 Nginx 来让 Nginx 能运行 PHP 代码。在树莓派的 LX 终端界面上输入以下命令编辑 Nginx 的配置文件：

```
sudo nano /etc/nginx/sites-available/default
```

在原来的配置文件找到如下的代码：

```
# Add index.php to the list if you are using PHP
  index index.html index.htm index.nginx-debian.html;
  server_name _;
  location / {
  # First attempt to serve request as file, then
 # as directory, then fall back to displaying a 404.
 try_files $uri $uri/ = 404;
   }
```

接着，将以上代码替换为以下代码：

```
index index.html index.htm index.nginx-debian.html index.php;
server_name _;
location / {
      # First attempt to serve request as file, then
      # as directory, then fall back to displaying a 404.
try_files $uri $uri/ = 404;
}
location ~\.php$ {
fastcgi_pass unix:/run/php/php7.0-fpm.sock;
fastcgi_param SCRIPT_FILENAME $document_root$fastcgi_script_name;
include fastcgi_params;
}
client_max_body_size 256m;
```

修改完成后，按 Ctrl+O 组合键保存文件，并按 Ctrl+X 组合键退出编辑状态。

然后，修改 PHP 的配置文件，更改上传文件大小限制。使用以下命令编辑 PHP 的配置文件，并参照以下提示信息修改 PHP 的相关参数：

```
sudo nano /etc/php/7.0/fpm/php.ini
# 每个脚本运行的最长时间,单位为秒,0 为无限
max_execution_time = 0
# 每个脚本可以消耗的时间,单位也是秒
max_input_time = 300
# 脚本运行最大消耗的内存
memory_limit = 256M
# 表单提交最大数据为 8M,针对整个表单的提交数据进行限制的
post_max_size = 20M
# 上载文件的最大许可大小
upload_max_filesize = 10M
```

修改完成后，按 Ctrl+O 组合键保存文件，并按 Ctrl+X 组合键退出编辑状态。

此时，即可使用命令"sudo service nginx restart"重新启动 Nginx 服务器。

接着，可以在/var/www/html/文件夹中编写一个 PHP 文件，从而测试 PHP 能否正常

运行，执行以下命令：

```
sudo nano /var/www/html/index.php
```

输入如下的 PHP 代码：

```
<?php
phpinfo();
?>
```

以上 PHP 代码的含义是在网页浏览器中返回 PHP 的版本及相关信息。

PHP 代码编辑完成后，按 Ctrl＋O 组合键保存文件，并按 Ctrl＋X 组合键退出编辑状态。

最后，在网页浏览器中输入地址"树莓派的 IP 地址/index.php"，如果能看到如图 16-28 所示的画面，则表明 PHP 服务器已经正常运行。

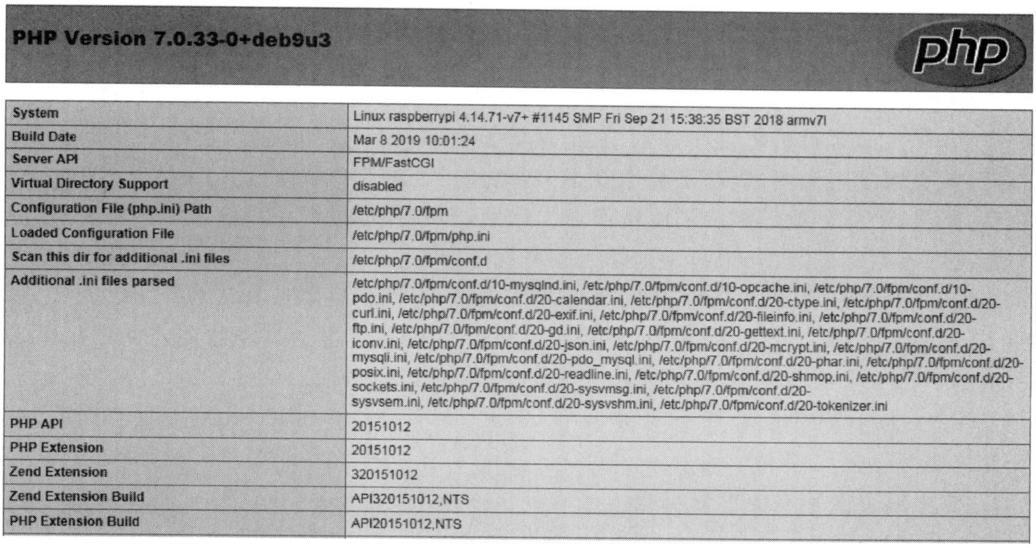

**PHP Version 7.0.33-0+deb9u3**

| System | Linux raspberrypi 4.14.71-v7+ #1145 SMP Fri Sep 21 15:38:35 BST 2018 armv7l |
| --- | --- |
| Build Date | Mar 8 2019 10:01:24 |
| Server API | FPM/FastCGI |
| Virtual Directory Support | disabled |
| Configuration File (php.ini) Path | /etc/php/7.0/fpm |
| Loaded Configuration File | /etc/php/7.0/fpm/php.ini |
| Scan this dir for additional .ini files | /etc/php/7.0/fpm/conf.d |
| Additional .ini files parsed | /etc/php/7.0/fpm/conf.d/10-mysqlnd.ini, /etc/php/7.0/fpm/conf.d/10-opcache.ini, /etc/php/7.0/fpm/conf.d/10-pdo.ini, /etc/php/7.0/fpm/conf.d/20-calendar.ini, /etc/php/7.0/fpm/conf.d/20-ctype.ini, /etc/php/7.0/fpm/conf.d/20-curl.ini, /etc/php/7.0/fpm/conf.d/20-exif.ini, /etc/php/7.0/fpm/conf.d/20-fileinfo.ini, /etc/php/7.0/fpm/conf.d/20-ftp.ini, /etc/php/7.0/fpm/conf.d/20-gd.ini, /etc/php/7.0/fpm/conf.d/20-gettext.ini, /etc/php/7.0/fpm/conf.d/20-iconv.ini, /etc/php/7.0/fpm/conf.d/20-json.ini, /etc/php/7.0/fpm/conf.d/20-mcrypt.ini, /etc/php/7.0/fpm/conf.d/20-mysqli.ini, /etc/php/7.0/fpm/conf.d/20-pdo_mysql.ini, /etc/php/7.0/fpm/conf.d/20-phar.ini, /etc/php/7.0/fpm/conf.d/20-posix.ini, /etc/php/7.0/fpm/conf.d/20-readline.ini, /etc/php/7.0/fpm/conf.d/20-shmop.ini, /etc/php/7.0/fpm/conf.d/20-sockets.ini, /etc/php/7.0/fpm/conf.d/20-sysvmsg.ini, /etc/php/7.0/fpm/conf.d/20-sysvsem.ini, /etc/php/7.0/fpm/conf.d/20-sysvshm.ini, /etc/php/7.0/fpm/conf.d/20-tokenizer.ini |
| PHP API | 20151012 |
| PHP Extension | 20151012 |
| Zend Extension | 320151012 |
| Zend Extension Build | API320151012,NTS |
| PHP Extension Build | API20151012,NTS |

图 16-28 测试 PHP 能否正常运行

本实例仅仅是抛砖引玉，如果希望进一步学习更多的 PHP 动态网页设计语言的知识，建议继续研读相关的书籍。

## 实例 91 用树莓派搭建 DHCP 服务器

**1. DHCP 服务器简介**

一般来说，DHCP 服务器既可以由 Linux 主机实现，也可由微软的 Windows 服务器实现。本实例仅仅介绍在树莓派上搭建 DHCP 服务器的工作原理和具体步骤。

位于局域网中的每一台计算机都必须拥有一个 IP 地址，才能访问互联网中的网站（即以上介绍的 Lighttpd 服务器、Apache 服务器、Nginx 服务器、PHP 服务器）。而 DHCP 服务器是指能够为局域网中的其他计算机（即客户机）自动分配 IP 地址的主机。

DHCP 服务器的工作原理如图 16-29 所示。

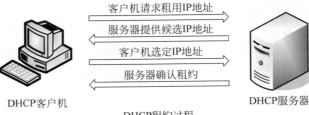

图 16-29　DHCP 服务器的工作原理

DHCP(Dynamic Host Configuration Protocol)即动态主机设置协议,是一个局域网的网络协议,使用 UDP 协议工作。其主要作用是集中管理、分配 IP 地址,使网络环境中的主机动态地获得 IP 地址、网关(Gateway)地址、域名解析(DNS)服务器地址等重要信息,从而能够在互联网上访问外部网络。

DHCP 协议采用客户机/服务器模型来进行工作,客户机 IP 地址的动态分配任务由 DHCP 服务器来完成。当接收到来自客户机申请租用 IP 地址的请求信息时,DHCP 服务器会做出响应,向客户机提供候选的 IP 地址等信息;当客户机收到了可以租用的 IP 地址信息后,就会回复服务器,表明已经选定了 IP 地址;当服务器收到了来自客户机的租用 IP 信息后,则会回复 IP 地址租约的确认信息。此后,客户机就可以使用这个租用的 IP 地址来作为自己在互联网的身份,来自由地访问互联网了。

显然,当某一台客户机租约期满后,DHCP 服务器将会自动收回之前出租给这台客户机的 IP 地址;同理,当某一台客户机关机后,DHCP 服务器也会自动收回之前出租给这台客户机的 IP 地址,从而使 IP 地址池有足够的 IP 地址以供备用。

请注意:DHCP 协议是基于 UDP 协议 67 和 68 服务端口的,因此当配置防火墙时,一定要允许服务器使用这两个端口。

**2. 在树莓派安装 DHCP 服务器**

为了顺利地在树莓派上安装 DHCP 服务器,避免产生冲突,首先要关闭家庭无线路由器中原来的 DHCP 服务器,如图 16-30 所示,在浏览器中输入家庭无线路由器的 IP 地址,打开家庭无线路由器的配置界面,然后在左侧选择"DHCP 服务器"和"DHCP 服务",并在中间选择"不启用",最后单击"保存"按钮。

接着,需要升级树莓派软件到最新版本,在树莓派的 LX 终端上执行以下的升级命令:

```
sudo apt - get update
sudo apt - get dist - upgrade
```

当顺利地完成系统升级后,就可以安装 DHCP 服务器了。其实,在树莓派上安装 DHCP 服务器的方法很简单,只需要在 LX 终端界面上执行以下 Linux 命令即可完成整个安装过程:

```
sudo apt - get install dhcp3 - server
```

**3. 配置树莓派 DHCP 服务器**

一般情况下,DHCP 服务安装完成后就可以修改配置文件了,DHCP 服务的配置文件

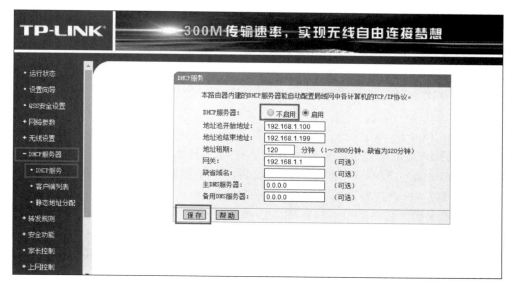

图 16-30　关闭家庭无线路由器中 DHCP 服务器

dhcpd. conf 存放在树莓派的/etc/文件夹中。我们可以以超级用户身份用 nano 编辑器打开配置文件 dhcpd. conf 进行编辑,即使用 sudo nano /etc/dhcpd. conf 来修改配置文件。

　　在 DHCP 的配置文件 dhcpd. conf 中包含了各种配置选项,常用的配置选项说明如下:

```
ddns – update – style interim;                         //设置 DHCP 互动更新模式
ignore client – updates;                               //忽略客户机更新
subnet 192.168.1.0 netmask 255.255.255.0;              //设置子网地址和子网掩码
option routers 192.168.1.1;                            //设置客户机默认网关
option subnet – mask 255.255.255.0;                    //设置客户机子网掩码
option nis – domain "ixdba.net ";                      //设置 NIS 域
option time – offset  – 18000; ♯ Eastern Standard Time //设置时间偏差
range dynamic – bootp 192.168.1.100 192.168.1.200;     //设置地址池,在本例中,DHCP 服务器
//IP 地址池可以出租给客户机的候选 IP 地址,从 192.168.1.100~192.168.1.200
option domain – name " ixdba.net ";                    //设置 DNS 域
option domain – name – servers 192.168.11.1;           //设置 DNS 服务器地址
default – lease – time 21600;                          //设置默认租期,单位为秒
max – lease – time 43200;                              //设置客户端最长租期,单位为秒
```

# 实例 92　用树莓派搭建 DNS 服务器

### 1. DNS 服务器的工作原理

　　提起 DNS 服务器,相信经常上网的读者一点都不觉得陌生,因为在访问网站时都需要应用到这个服务,那么 DNS 服务器究竟是怎样工作的呢? 又需要怎样操作才能安装 DNS 服务器呢? 本实例就为你拨开这团团云雾,解开 DNS 服务器这个谜团。

　　DNS 服务器主要用于帮助用户方便地访问网站,当访问某一网站的时候,可以通过 DNS 服务器来进行域名解析,这样,互联网用户就可以在不需要知道网站(即 Web 服务器)

的 IP 地址的情况下通过它的域名来进行访问。

如实例 91 所述,互联网上的每一台计算机都被分配一个 IP 地址,数据的传输实际上是在不同 IP 地址之间进行的。包括我们在家上网时使用的计算机,在连上网以后也被分配一个 IP 地址,这个 IP 地址绝大部分情况下是动态的。也就是说关掉客户机的电源,再重新启动电源,再次上网时,DHCP 服务器就会从 IP 地址池中取出一个 IP 地址并分配给客户机。

实际上,在 Internet 中,无论是客户机或服务器,在进行通信时都是基于 TCP/IP 协议的,而最常用的 IP 地址格式是第 4 版的 IPv4。IPv4 地址由 32 位二进制数组成,为了方便人们记忆,IPv4 地址一般写成用实心圆点分隔的 4 个十进制数,例如,百度网站的 IPv4 地址为 14.215.177.39,新浪网站的 IPv4 地址为 222.76.214.60。

但是,对于人的大脑来说,14.215.177.39 或 222.76.214.60 这一串数字记忆起来十分费神。为了应对这个记忆难题,互联网专家想到一个巧妙的解决办法,就是用特定的服务将网站的域名与 IPv4 地址一一对应起来,这样,就可以通过域名解析来获得其相应的 IP 地址。而完成域名解析任务的就是 DNS 服务器。

当一个网站访问者在浏览器地址框中输入某一个网站的域名,或者从其他网站单击了链接跳转到了这个网站,浏览器会向这个用户的互联网服务提供商(Internet Service Provider,ISP)发出域名解析请求,互联网服务提供商指定的 DNS 服务器就会查询域名数据库,然后就会从 DNS 服务器中搜索相应的 DNS 记录,也就是搜索这个域名对应的 IPv4 地址。当从 DNS 服务器中找到这个 IPv4 地址后,就会把这个 IPv4 地址传送给客户机,此时,客户机的浏览器就可以访问这个 IPv4 地址所对应的 Web 服务器,并将其网页呈现给浏览者。

**2. 在树莓派上安装 DNS 服务器**

dnsmasq 是一款小巧且便于使用的 DNS 服务器软件,适用于小型网络。相对于 bind 和 dhcpd,dnsmasq 配置起来也比较简单。

在树莓派上,dnsmasq 服务器的安装命令如下:

```
sudo apt install dnsmasq - y
```

当 dnsmasq 服务器安装完成之后,可以通过"dnsmasq -help"查看相应的帮助信息。

**3. 在树莓派上配置 DNS 服务器**

dnsmasq 的配置文件 dnsmasq.conf 位于树莓派的/etc/文件夹中,可以在树莓派的 LX 终端界面上用超级用户身份执行以下命令来修改这个配置文件:

```
sudo nano /etc/dnsmasq.conf
```

第 1 步,删除 strict-order 前面的注释符号♯,这个参数的含义是 dnsmasq 会严格按照 resolv-file 这个参数指定的文件中参数进行域名解析。

第 2 步,指定本地域名解析文件 bboysoul_dns.conf 所存放的位置。

```
resolv - file = /etc/bboysoul_dns.conf
```

第 3 步,配置监听地址 listen-address,即指定树莓派的 IP 地址,使局域网中的其他机器都可以使用树莓派提供的 dns 服务。

```
listen - address = 127.0.0.1,192.168.1.100
```

第 4 步,设置缓存的大小。

```
cache - size = 10000
```

因为是用来作缓存的,所以需将这个缓存参数设置得大一点,这里设置为 10000。

第 5 步,配置文件修改完成后,可以按 Ctrl＋O 组合键和 Ctrl＋X 组合键保存配置文件。

第 6 步,创建并编辑本地域名解析文件 bboysoul_dns. conf。

在/etc/文件夹中建立在以上的第 2 步中所指定的本地域名解析文件 bboysoul_dns. conf,输入以下命令:

```
sudo nano /etc/bboysoul_dns.conf
```

在 bboysoul_dns. conf 文件中添加以下几行参数:

```
nameserver 127.0.0.1
nameserver 202.96.128.166
nameserver 202.96.134.133
nameserver 223.5.5.5
nameserver 223.6.6.6
```

在这里,第 1 行的 127.0.0.1 是本机的 IP 地址,第 2 行的 202.96.128.166 是互联网服务提供商所指定的主 DNS 服务器的 IP 地址,第 3 行 202.96.134.133 是互联网服务提供商所指定的辅助 DNS 服务器的 IP 地址,最后两行则是其他已知的公共 DNS 服务器的 IP 地址。

修改完成后,可以按 Ctrl＋O 组合键和 Ctrl＋X 组合键保存文件了。

第 7 步,重启 dnsmasq 服务,执行以下命令即可。

```
service dnsmasq restart
```

## 实例 93　用树莓派搭建 FTP 服务器

### 1. FTP 服务器简介

FTP 服务器(File Transfer Protocol Server)是在互联网上提供文件传输服务的计算机,它们依照 FTP 提供服务。FTP(File Transfer Protocol,文件传输协议)是专门用来传输文件的协议。简单地说,支持 FTP 的服务器就是 FTP 服务器。

一般来说,用户联网的首要目的就是实现信息共享,文件传输是信息共享非常重要的一个内容。在 Internet 上传输文件并不是一件容易的事,我们知道 Internet 是一个非常复杂的计算机网络环境,计算机主机的类型包括 PC、工作站、MAC,还有小型机、中型机和大型机,据统计连接在 Internet 上的计算机已有上千万台,而这些计算机可能运行不同的操作系统,有运行 UNIX 的服务器,也有运行 Windows 的 PC 和运行 Mac OS 的苹果机等,而在运行各种不同操作系统的计算机之间传输文件,需要各计算机都遵守一个统一的文件传输协议,这就是所谓的 FTP。

与大多数 Internet 服务一样，FTP 也是一个客户机/服务器系统。基于不同的操作系统的计算机运行 FTP 应用程序，而所有这些应用程序都遵守相同的 FTP，这样客户端的用户就可以把自己的文件上传给服务器，或者从服务器端下载文件。

### 2. 安装 vsftpd 服务器

在 Linux 中，可供选择的 FTP 服务器种类众多。但如果想在树莓派上搭建一个安全、高性能且稳定性好的 FTP 服务器，那么首选就是 vsftpd 服务器。vsftpd 的全称是 Very Secure FTP Daemon（非常安全的 FTP 进程），它是一个基于 GPL 发布的类 UNIX 类操作系统上运行的 FTP 服务器，可以运行在 Linux、BSD、Solaris、HP-UX 等操作系统上。同时，vsftpd 也支持很多其他传统的 FTP 服务器不支持的良好特性，用八个字概括其特点就是"小巧轻快，安全易用"，十分适合于树莓派。

在树莓派上安装 vsftpd 服务器的命令如下：

```
sudo apt - get install - y vsftpd
```

安装完成后，使用以下命令启动 vsftpd 服务器：

```
sudo service vsftpd start
```

### 3. 配置 vsftpd 服务器

vsftpd 服务器的配置文件的文件名为 vsftpd. conf，存放在/etc/文件夹上。安装完成后，使用以下命令编辑 vsftpd. conf 配置文件：

```
sudo nano /etc/vsftpd.conf
```

修改 vsftpd. conf 配置文件中的以下参数：

```
local_enable = YES            # 允许本地访问
write_enable = YES            # 允许写操作
anonymous_enable = NO         # 不允许匿名登录
local_umask = 022             # 修改上传文件的权限，允许用户写文件
```

配置文件修改完成后，按 Ctrl+O 组合键和 Ctrl+X 组合键保存文件，并执行以下命令重新启动 vsftpd 服务：

```
sudo service vsftpd restart
```

### 4. 添加 FTP 用户

vsftpd 服务器的用户列表文件名是 vsftpd. user_list，存放在/etc/文件夹中。可以使用以下命令修改 vsftpd. user_list 文件，添加一个新用户，例如 pi：

```
sudo nano /etc/vsftpd.user_list
```

### 5. 修改/etc/vsftpd. chroot_list 文件

当 vsftpd. conf 配置文件中参数 chroot_list_enable= YES 时，在 vsftpd. chroot_list 文件中配置可以访问根目录的用户，在这里，使用以下命令配置为用户 pi：

```
sudo nano /etc/vsftpd.chroot_list
```

**6. 修改/etc/ftpuser 文件**

此配置文件是安装时 vsftpd 自动生成的,存放账户黑名单,这些账户一般都是比较敏感的账户,禁止用来作 FTP 登录,如 root 用户。

**7. 连接 FTP 服务器**

执行以上配置操作后,就可以通过 FTP 连接树莓派系统,以用户名 pi 登录,默认的密码是 raspberry,FTP 的根目录是/home/pi,即 pi 用户的 HOME 目录,FTP 连接成功后,就可以上传或下载文件。

# 实例 94 用树莓派搭建 Samba 服务器

**1. Samba 服务器简介**

Samba 服务器是在 Linux 和 UNIX 系统上实现 SMB 协议的一个免费软件,由服务器及客户端程序构成。SMB(Server Messages Block,信息服务块)是一种在局域网上共享文件和打印机的一种通信协议,它为局域网内的不同计算机之间提供文件及打印机等资源的共享服务。SMB 协议是客户机/服务器型协议,客户机通过该协议可以访问服务器上的共享文件系统、打印机及其他资源。

Samba 服务器使用 Windows 网上邻居的 SMB 的通信协议,将 Linux 操作系统"伪装成"Windows 操作系统,使运行 Windows 操作系统的计算机可以通过网上邻居的方式来对树莓派上的文件进行文件传输。

SMB 协议的工作原理是让 NetBIOS 与 SMB 这两种协议运行在 TCP/IP 通信协议上,且使用 NetBIOS 名称服务让用户的 Linux 主机可以被运行 Windows 操作系统的计算机的网上邻居看到,所以就能与 Windows 计算机在网上相互沟通,共享文件与服务。

Samba 有两个主要的进程 smbd 和 nmbd。smbd 进程提供了文件和打印服务,而 nmbd 进程则提供了 NetBIOS 名称服务和浏览支持,帮助 SMB 客户定位服务器,处理所有基于 UDP 的协议。

**2. 安装 Samba 服务器**

在树莓派的 LX 终端界面上执行以下命令来安装 Samba 服务器:

```
sudo apt – get update
sudo apt – get install samba samba – common – bin
```

**3. 配置 Samba 服务器**

Samba 服务器的配置文件为 smb. conf,存放在树莓派的/etc/samba/文件夹,执行以下命令编辑配置文件:

```
sudo nano /etc/samba/smb.conf
```

在配置文件最后面添加以下内容:

```
[share]                    # share 为共享文件夹的名称,将在网络上显示此名称
path = /share              # 共享文件的路径
valid users = pi           # 允许访问的用户名称
browseable = yes           # 允许浏览文件夹
```

```
public = yes                    #可以共享
writable = yes                  #可以写入文件
```

编辑完成后,按 Ctrl+O 组合键和 Ctrl+X 组合键保存文件,并执行以下命令重新启动 Samba 服务:

```
sudo service samba restart
```

### 4. 添加 Samba 用户

重新启动 Samba 服务后,可执行以下命令添加名字为 pi 的共享用户并设置密码:

```
sudo smbpasswd – a pi
New SMB password:               #输入 pi 用户的密码
Retype new SMB password:        #重复输入 pi 用户的密码
Added user pi                   #表示已经成功添加 pi 用户
```

### 5. 测试 Samba 服务器

如图 16-31 所示,在 windows7 系统上,单击"开始"→"运行",并填入树莓派的 IP 地址访问 Samba 服务器,在本实例中假设树莓派的 IP 地址是 192.168.3.104。

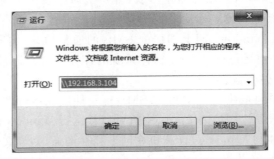

图 16-31　访问 Samba 服务器

接着,如图 16-32 所示,双击打开 share 文件夹,填入用户名 pi 以及密码,通过身份验证后,可以访问 Samba 服务器,此后,即可在 share 文件夹中任意复制或者删除文件。

图 16-32　访问 share 共享文件夹

## 实例 95　用树莓派搭建电子邮件服务器

### 1. 电子邮件系统简介

一个完整的电子邮件系统,一般包括 3 个部分,即邮件用户代理程序、电子邮件服务器和电子邮件协议。

邮件用户代理程序的英文全称为 Mailer User Agent，简称为 MUA，它的功能是帮助用户发送和接收电子邮件，常用的邮件用户代理程序有 Outlook、Outlook Express 和 Foxmail 等。

电子邮件服务器是处理邮件交换的软硬件设施的总称，包括电子邮件程序、电子邮件箱等。它是为用户提供全由 E-mail 服务的电子邮件系统，人们通过访问电子邮件服务器实现邮件的交换。服务器程序通常不能由客户端运行，而是一直在电子邮件服务器中运行，它一方面负责把客户端提交的 E-mail 发送出去，另一方面负责接收其他电子邮件服务器转发过来的 E-mail，并把各种电子邮件分发给每个用户。

电子邮件协议包括 SMTP、POP3 和 IMAP。

SMTP（Simple Mail Transfer Protocol，简单邮件传输协议）是一组用于由源地址到目的地址传送邮件的规则，由它来控制邮件的中转方式。SMTP 属于 TCP/IP 协议族，它帮助每台计算机在发送或中转邮件时找到下一个目的地。通过 SMTP 所指定的服务器，可以把 E-mail 寄到收信人的服务器上，整个过程只要几分钟。SMTP 服务器则是遵循 SMTP 的发送邮件服务器，用来发送或中转发出的电子邮件。

POP3（Post Office Protocol 3）即邮局协议的第 3 个版本，它是规定个人计算机如何连接到互联网上的邮件服务器进行收发邮件的协议。它是因特网电子邮件的第一个离线协议标准，POP3 允许用户从服务器上把邮件存储到本地主机（即自己的计算机）上，同时根据客户端的操作删除或保存在邮件服务器上的邮件，而 POP3 服务器则是遵循 POP3 协议的接收邮件服务器，用来接收电子邮件的。POP3 是 TCP/IP 协议族中的一员，由 RFC 1939 定义。POP3 主要用于支持使用客户端远程管理在服务器上的电子邮件。

IMAP（Internet Mail Access Protocol，交互式邮件存取协议）是斯坦福大学在 1986 年研发的一种邮件管理协议。它的主要作用是邮件客户端（如 MS Outlook Express）可以通过这种协议从邮件服务器上获取邮件的信息，下载邮件等。其国际标准是 RFC3501。IMAP 运行在 TCP/IP 之上，使用的端口是 143。它与 POP3 的主要区别是用户可以不用把所有的邮件全部下载，而是可以通过客户端直接对服务器上的邮件进行操作。

**2. 安装电子邮件服务器**

常用的电子邮件服务器包括 Sendmail、Qmail 和 Postfix 等。Sendmail 是一款老牌的电子邮件服务器。本实例仅仅为读者介绍如何在树莓派上安装 Sendmail 电子邮件服务器。

在安装 Sendmail 电子邮件服务器之前，首先需要对树莓派的系统软件进行升级和更新，即执行以下命令：

```
sudo apt-get update
```

然后可以使用以下两行命令来安装 Sendmail 服务器：

```
sudo apt-get install sendmail -y
sudo apt-get install sendmail-cf
```

发送电子邮件时，除了文字之外，还经常需要发送图片和视频等附件，因此还需要执行以下命令安装电子邮件附件的发送和接收功能：

```
sudo apt-get install mailutils
```

**3. 配置 Sendmail 服务器**

与 Sendmail 服务器相关的配置文件包括 sendmail. cf、sendmail. mc、access. db 和 aliases. db 等文件。

sendmail. cf 是 Sendmail 的主配置文件,所有 Sendmail 的配置参数都保存在这个主配置文件中,但是这个主配置文件语法复杂,使用者不易理解。因此,建议不要直接修改这个主配置文件,而是修改宏文件 sendmail. mc。

sendmail. mc 是与主配置文件完全对应的宏文件,也就是说,它的内容其实与主配置文件 sendmail. cf 完全一样,只不过是用易于读懂的语法来书写。当 sendmail. mc 宏文件修改完成后,可以用 m4 程序把宏文件 sendmail. mc 转换为主配置文件 sendmail. cf。

access. db 是一个数据库文件,其中定义了哪些域名或哪些 IP 地址的计算机可以访问本地邮件服务器,以及是哪种类型的访问。数据库文件 access. db 是由纯文本文件 access 转换而成的,其格式是"地址 操作符",若操作符为 OK,表示允许将邮件传送到指定地址的计算机;若操作符为 REJECT,则表示拒绝来自指定地址的邮件;若操作符为 RELAY,则表示允许通过这个邮件服务器将邮件发送到任何地方。

aliases. db 是别名数据库文件,主要用来存放用户的别名。例如,某个用户的名称为 cindy,别名为 cander,由于是同一个人,实际上使用同一个邮箱,因此,只需要为这个用户创建一个别名即可。在这里,aliases. db 是一个数据库格式文件,不能直接编辑,只能先编辑 aliases 文本文件,然后使用 newaliases 命令将其转换为 aliases. db 数据库文件。

第一步,执行以下命令编辑宏文件 sendmail. mc:

```
sudo nano /etc/mail/sendmail.mc
```

在宏文件 sendmail. mc 中找到包含 IP 地址 127.0.0.1 的命令:

```
DAEMON_OPTIONS('Family = inet, Name = MTA - v4, Port = smtp, Addr = 127.0.0.1')dnl
```

然后,把这两个 IP 地址 127.0.0.1 都修改为 0.0.0.0,使邮件服务器可以连接到任何 IP 地址。

按 Ctrl+O 组合键保存宏文件,并按 Ctrl+X 组合键退出后,可以用以下命令生成新的配置文件:

```
cd /etc/mail                      # 转入/etc/mail/文件夹
mv sendmail.cf sendmail.org       # 备份原来的 Sendmail 配置文件
m4 sendmail.mc > sendmail.cf      # 把宏文件 sendmail.mc 转换为主配置文件
```

第二步,需要设置用户对邮件服务器的访问权限,访问权限数据库文件 access. db 存放在树莓派的/etc/mail 文件夹中,执行以下命令编辑访问权限:

```
sudo nano /etc/mail/access
```

添加以下几行内容:

```
Connect:localdomain.tst RELAY   # 允许 localdomain.tst 网域使用服务器转发邮件
Connect:127.0.0.1 RELAY         # 允许本机用户使用服务器转发邮件
Connect:192.168.0 RELAY         # 允许 192.168.0 网段内用户使用服务器转发邮件
```

```
Connect:192.168.1 REJECT          ＃拒绝 192.168.1 网段内用户使用服务器转发邮件
Connect:ki.local RELAY            ＃允许 ki.local 网域使用服务器转发邮件
```

接着，按 Ctrl＋O 组合键保存文本文件 access，并按 Ctrl＋X 组合键退出。

第三步，转入/etc/mail 文件夹，并使用 makemap 命令生成 access.db 数据库文件。

```
cd /etc/mail
makemap hash access.db < access
```

第四步，执行以下命令修改/etc/hosts 文件，删除其中的 IPV6 的记录，并且加入 192.
168.1.22 ki.local 这一行：

```
sudo nano /etc/nosts
192.168.1.22   ki.local(在这里，设置树莓派对应的电子邮件后缀为@ki.local)
```

第五步，执行以下命令修改/etc/mail/local-host-names 文件，加入 ki.local 这一行：

```
sudo nano /etc/mail/local - host - names
ki.local
```

第六步，使配置生效，执行以下命令：

```
sudo sendmailconfig
```

在执行过程中，当出现提问时，都回答 y 即可。

**4．安装和配置 POP3 服务**

Sendmail 仅仅提供 SMTP 服务，而并不提供 POP3 服务，因此，还需要在树莓派上继续
安装 POP3 服务，执行以下命令。

```
sudo apt - get install dovecot - pop3d
```

接着，执行以下命令修改/etc/dovecot/文件夹中的 conf.10-auth.conf 文件：

```
sudo nano /etc/dovecot/conf.d/10 - auth.conf
```

删除 disable_plaintext_auth 前的注释符号"＃"，并将其值改为 no。
然后，请执行以下命令修改/etc/dovecot/文件夹中的 10-ssl.conf 文件：

```
sudo nano /etc/dove cot/10 - ssl.conf
```

找到 ssl 所在行，并确认 ssl 的值设置为 no，即 ssl＝no。

**5．启动电子邮件服务**

要启动 Sendmail 服务，需要执行以下命令：

```
sudo service sendmail restart
```

要启动 POP3 服务，需要执行以下命令：

```
sudo service dovecot restart
```

**6．测试邮件**

向邮件服务器中的电子邮箱发送一个电子邮件，然后执行 mail 命令进行测试，测试结
果示例如图 16-33 所示。

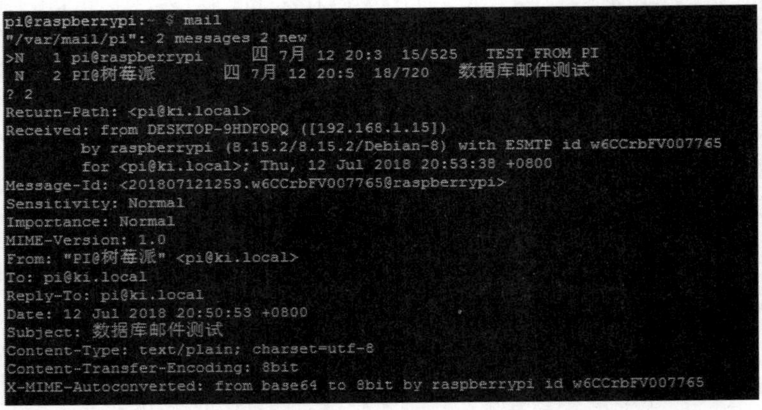

图 16-33　测试电子邮件服务器

## 实例 96　用树莓派搭建代理服务器

### 1. 代理服务器简介

代理(Proxy),也称网络代理,是一种特殊的网络服务,允许一个网络终端(一般为客户端)通过这个服务与另一个网络终端(一般为服务器)进行非直接的连接。网关和路由器等黑客网络设备可以配备网络代理功能。一般认为代理服务有利于保障网络终端的隐私或安全,防止攻击。

提供代理服务的计算机系统或其他类型的网络终端称为代理服务器(Proxy Server)。一个完整的代理请求过程为:客户端首先与代理服务器创建连接,接着根据代理服务器所使用的代理协议,请求对目标服务器创建连接,或者获得目标服务器的指定资源(如文件)。在后一种情况中,代理服务器可能对目标服务器的资源下载至本地缓存,如果客户端所要获取的资源在代理服务器的缓存之中,则代理服务器并不会向目标服务器发送请求,而是直接返回缓存中的资源。一些代理协议允许代理服务器改变客户端的原始请求、目标服务器的原始响应,以满足代理协议的需要。代理服务器的选项和设置在计算机程序中,通常包括一个防火墙,允许用户输入代理地址,它会遮盖他们的网络活动,可以允许绕过互联网过滤实现网络访问。

代理服务器软件很多,常用的有 Squid、Sygate、Wingate、Isa、Ccproxy 等。本实例仅仅介绍 Squid 代理服务器。

Squid 是免费提供的开源代理服务器软件,可在免费软件基金会的 GNU 通用公共许可证下使用。Squid 最开始设计是在 UNIX 系统上运行的,目前也能在 Windows 系统上运行。

### 2. 安装 Squid 代理服务器

安装 Squid 代理服务器的方法很简单,在树莓派的 LX 终端界面上执行以下命令即可:

```
sudo apt - get install squid3
```

### 3. 配置 Squid 代理服务器

第一步,备份 Squid 的配置文件。Squid 配置文件文件名为 squid. conf,存放在/etc/

squid 文件夹中，执行以下命令进行备份：

```
sudo cp /etc/squid/squid.conf   /etc/squid/squid.conf.bak
```

第二步，修改 Squid 代理服务器的配置文件，执行以下命令：

```
sudu nano /etc/squid/squid.conf
```

首先，在配置文件中找到 http_access allow localnet，把前面的"♯"去掉。

接着，请找到"♯acl localnet src"，在后面加入一行访问控制列表，把允许用代理服务器上网的 IP 地址加进去：

```
acl localnet src 10.16.36.0/22
```

然后，找到"♯dns_v4_first off"那一行，删除前面的"♯"，并改为"dns_v4_first on"。

最后，找到以下几行，并且修改 Cache 的配置参数如下：

```
cache_mem 256 MB
maximum_object_size 4096 MB
maximum_object_size_in_memory 8192 KB
```

配置文件修改完成后，按 Ctrl＋O 组合键保存文件，并按 Ctrl＋X 组合键退出。

#### 4. 启动 Squid 代理服务器

要启动 Squid 代理服务器，执行以下命令：

```
sudo service squid restart
```

# 第 17 章

# 树莓派语音处理

## 实例 97 用树莓派制作微型电台

树莓派的 GPIO 引脚可以用作信号输出,因此,可以把音频信号通过树莓派进行 FM 调制后从 GPIO 引脚送出,这样树莓派就变成了一个微型 FM 发射器,即微型电台,可以自己指定发射频率,打开 FM 调频收音机,调到对应频道就可以接收到树莓派播放的 FM 广播信号了。

本实例通过安装 PiFmRds 来将树莓派变成微型 FM 电台。

**1. 安装过程**

首先,执行以下命令,安装 sndfile 库:

```
sudo apt - get install libsndfile1 - dev
```

第二步,执行以下命令,克隆 PiFmRds 的源代码:

```
git clone https://github.com/ChristopheJacquet/PiFmRds.git
```

第三步,执行以下命令,进行编译:

```
cd PiFmRds/src
make clean
make
```

**2. 播放命令**

编译完成后,可以执行 sudo ./pi_fm_rds 命令发射 FM 信号。pi_fm_rds 命令格式为:

```
sudo ./pi_fm_rds - audio filename - freq frequency
```

其中,"—audio filename"指定要播放 wav 格式的音频文件;"—freq frequency"指定发射信号的频率。

例如,使用以下命令可以在 100.8 频道播放 music.wav 文件:

```
sudo ./pi_fm_rds - audio sound.wav - freq 100.8
```

**3. 增强播放效果**

如图 17-1 所示,在树莓派 GPIO 4(物理引脚编号为 7)接上一根长 20cm 的杜邦线作为发射天线来增强 FM 信号,然后使用 FM(调频)收音机收听,在 1m 范围内音质很清晰,在 3m 范围内仍然可以听得见,超过 3m 信号会很弱。

图 17-1　树莓派 FM 发射器

**注意**:在我国,未经国家主管部门批准发射无线电信号的行为是违法的,需在法律允许范围内进行本实验。

# 实例 98　用树莓派实现语音合成

**1. 语音合成技术简介**

语音合成是利用电子计算机和一些专门装置模拟人发出语音的技术。

语音合成和语音识别技术是实现人机语音通信,建立一个有听和讲能力的语音处理系统所必需的两项关键技术。使计算机具有类似于人一样的说话能力,是当今时代信息产业的重要竞争市场。和语音识别相比,语音合成的技术相对说来要成熟一些,并已开始向产业化方向成功迈进,大规模应用指日可待。

语音合成,又称文语转换(Text to Speech)技术,能将任意文字信息实时转化为标准流畅的语音朗读出来,相当于给机器装上了人工嘴巴。它涉及声学、语言学、数字信号处理、计算机科学等多个学科技术,是中文信息处理领域的一项前沿技术,解决的主要问题就是如何将文字信息转化为可听的声音信息,即让机器像人一样开口说话。我们所说的"让机器像人一样开口说话"与传统的声音回放设备(系统)有着本质的区别。传统的声音回放设备(系统),如磁带录音机,是通过预先录制声音然后回放来实现"让机器说话"的。这种方式无论是在内容、存储、传输或者方便性、及时性等方面都存在很大的限制。而通过计算机语音合成则可以在任何时候将任意文本转换成具有高自然度的语音,从而真正实现让机器"像人一样开口说话"。

### 2. 安装和使用 Festival 语音合成软件

Festival 是一款简单易用的语音合成软件,其安装和使用方法如下。

首先,在树莓派 LX 终端界面上使用以下命令更新树莓派系统:

```
sudo apt - get update
```

接着,在 LX 终端界面上使用以下命令安装 Festival:

```
sudo apt - get install festival
```

此时,就可以在 LX 终端界面上直接使用以下命令启动 Festival:

```
festival
```

如图 17-2 所示,启动 Festival 后,可以使用 help 命令查看帮助信息。

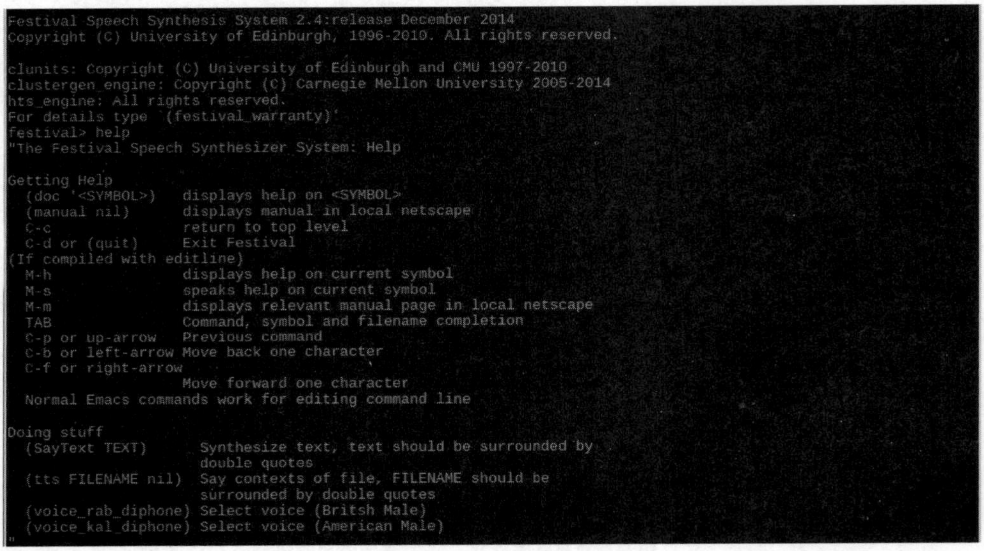

图 17-2　Festival 的帮助信息

从图 17-2 中可以看出,实现语音合成的命令格式是"SayText Text",其中,Text 表示需要实现合成的文本,这是一个字符串,要用英文的双引号括起来。例如,执行以下命令:

```
SayText "Hello,This is a example for Text to Speech."
```

树莓派会用英语语音朗读"Hello,This is a example for Text to Speech."这个句子。

也可以预先把需要朗读的句子保存到一个文件中,然后让树莓派直接打开这个文件来朗读,其命令格式是"tts FILENAME nil",其中,FILENAME 是文件名,也要用英文的双引号括起来。执行以下命令编辑文本文件 sayfile:

```
sudo nano sayfile
```

在 sayfile 文件中输入一些英文句子,例如"Hi! My friend,What are you doing?"

接着,按 Ctrl+O 组合键保存文件,并按 Ctrl+X 组合键退出。

然后,可以在 Festival 工作界面中使用以下命令朗读 sayfile 文件中的句子:

```
tts "sayfile" nil
```

最后，可以使用命令 quit 退出 Festival。

### 3. 安装和使用 eSpeak 语音合成软件

很遗憾，以上介绍的 Festival 语音合成软件有一个缺点，就是不能合成中文句子。因此，继续介绍另一款语音合成软件 eSpeak。

首先，在树莓派 LX 终端界面上使用以下命令更新树莓派系统：

```
sudo apt - get update
```

接着，在 LX 终端界面上使用以下命令来安装 eSpeak，安装过程需要持续一段时间：

```
sudo apt - get install espeak
```

安装完成后，可以在 LX 终端界面上使用命令"espeak －vzh Text"来朗读中英文句子。例如，执行以下命令：

```
espeak － vzh 床前明月光,疑是地上霜.举头望明月,低头思故乡.
```

屏幕上会出现许多行英文提示信息，不必理会，同时树莓派会用男声来朗读句子。如果需要用女声来朗读，则可以改用以下这条命令：

```
espeak － vzh＋f3 床前明月光,疑是地上霜.举头望明月,低头思故乡.
```

如果听不到声音，是因为 espeak 需要让系统在启动时加载和音频相关的模块，使用以下命令编辑树莓派的启动配置文件：

```
sudo nano /boot/config.txt
```

在配置文件的最后加上一行：

```
dtparam = audio = on
```

按 Ctrl＋O 组合键保存配置文件，并按 Ctrl＋X 组合键退出。重新启动后，再执行 espeak 命令，就可以听到声音了。

当使用 eSpeak 时，其工作界面不够直观和友好，因此，eSpeak 官方又推出了图形工作界面的语音合成软件 Gespeaker。执行以下命令来安装 Gespeaker：

```
sudo apt - get install gespeaker
```

安装完成后，单击屏幕左上角的树莓派主菜单，然后选择"影音"，就可以找到 Gespeaker，单击此项即可启动 Gespeaker，其工作界面如图 17-3 所示。

在填空栏中填入需要语音合成的句子，然后单击"播放"按钮，可以听到声音。如果需要改为男声，只要单击"男性"前面的小圆孔即可。

Gespeaker 还具有语音录制功能，即可以把合成的语音录制成 WAV 音频文件。录制前，先单击"录制"按钮，并且按照提示的信息指定需要录制的 WAV 文件名和保存的路径，然后回到 Gespeaker 工作界面，单击"播放"按钮，可以在播放的同时录制 WAV 音频文件。

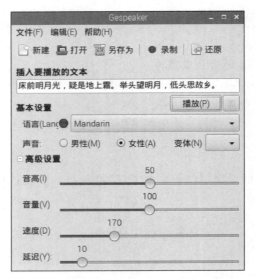

图 17-3　Gespeaker 的工作界面

# 实例 99　树莓派语音报时温度计

在本实例中，通过 Python 编程，将传感器技术和语音合成技术结合起来，令树莓派变成一个语音报时温度计。

**1. 在 Python 中调用 espeak 语音合成软件**

在 Python 语言环境中调用 Linux 操作系统命令的方法如下。

首先，用"import os"命令导入操作系统模块 os。

然后，用 os. system(command)来调用操作系统命令。

例如，需要在 Python 语言环境中用语音朗读"床前明月光，疑是地上霜。举头望明月，低头思故乡"这首诗，其方法很简单，首先用"import os"命令导入 os 模块，接着用以下命令定义一个字符串：

```
say = "espeak – vzh 床前明月光,疑是地上霜.举头望明月,低头思故乡."
```

最后，在 Python 中执行命令 os. system(say)即可朗读句子。

**2. 在 Python 中实现语音报时**

在 Python 语言环境中获取系统时间的方法如下。

首先，用"import datetime"命令导入日期和时间模块。

然后，用以下命令获取并显示当前时间：

```
now_time = datetime. datetime. now(). strftime('% H:% M')
print(now_time)
```

如果需要语音报时，则只要执行以下命令即可：

```
say0 = "espeak -vzh 你好!当前时间是" + now_time
os. system(say0)
```

**3. 语音报告当前温度和湿度**

可以在本书实例 83 树莓派连接 DHT11 温湿度传感器的基础上,增加语音报告温度和湿度的功能,具体步骤如下。

首先,在图 15-11 所示的 Python 代码中,在第 3 行的后面插入以下两行代码,结果 Python 代码之一如图 17-4 所示。

```
import os
import datetime
```

```
import RPi.GPIO as GPIO
import time
import os
import datetime

channel =17
data = []
j = 0

GPIO.setmode(GPIO.BCM)

time.sleep(1)

GPIO.setup(channel, GPIO.OUT)
GPIO.output(channel, GPIO.LOW)
time.sleep(0.02)
GPIO.output(channel, GPIO.HIGH)
GPIO.setup(channel, GPIO.IN)

while GPIO.input(channel) == GPIO.LOW:
    continue
while GPIO.input(channel) == GPIO.HIGH:
    continue

while j < 40:
    k = 0
    while GPIO.input(channel) == GPIO.LOW:
        continue
    while GPIO.input(channel) == GPIO.HIGH:
        k += 1
        if k > 100:
            break
    if k < 8:
        data.append(0)
    else:
        data.append(1)
    j += 1
```

图 17-4 语音报时温度计代码之一

然后,将原来的图 15-12 中的从"if check == tmp:"这一行开始直到 else 这一行为止之间的这段代码,修改成以下的代码:

```
now_time = datetime.datetime.now().strftime('%H:%M')
print(now_time)
print ("temperature :", temperature, "＊C, humidity :", humidity, "％")
say0 = "espeak －vzh 你好!当前时间是" + now_time
os.system(say0)
say1 = "espeak －vzh 你好!当前温度是" + str(temperature) + "度."
os.system(say1)
say2 = "espeak －vzh 你好!当前湿度是百分之" + str(humidity)
os.system(say2)
```

修改完成后,最终的 Python 代码之二如图 17-5 所示。保存好文件,然后运行这个 Python,可以听到语音报时和语音朗读温度和湿度的效果。

```
humidity_point_bit = data[8:16]
temperature_bit = data[16:24]
temperature_point_bit = data[24:32]
check_bit = data[32:40]

humidity = 0
humidity_point = 0
temperature = 0
temperature_point = 0
check = 0

for i in range(8):
    humidity += humidity_bit[i] * 2 ** (7-i)
    humidity_point += humidity_point_bit[i] * 2 ** (7-i)
    temperature += temperature_bit[i] * 2 ** (7-i)
    temperature_point += temperature_point_bit[i] * 2 ** (7-i)
    check += check_bit[i] * 2 ** (7-i)

tmp = humidity + humidity_point + temperature + temperature_point

if check == tmp:
    now_time = datetime.datetime.now().strftime('%H:%M')
    print(now_time)
    print ("temperature :", temperature, "*C, humidity :", humidity, "%")
    say0="espeak -vzh 你好！当前时间是"+now_time
    os.system(say0)
    say1="espeak -vzh 你好！当前温度是"+str(temperature)+"度。"
    os.system(say1)
    say2="espeak -vzh 你好！当前湿度是百分之"+str(humidity)
    os.system(say2)

else:
    print ("wrong")
    print ("temperature :", temperature, "*C, humidity :", humidity, "% check :",
GPIO.cleanup()
```

图 17-5　语音报时温度计代码之二

# 实例 100　树莓派声控电灯

在本实例中，通过 Python 编程，将语音识别技术与 GPIO 接口技术结合起来，令树莓派变成一个声控电灯，即让树莓派能听懂人的语音命令，开启或关闭电灯。

### 1. 语音识别技术简介

语音识别技术，也被称为自动语音识别（Automatic Speech Recognition，ASR），其目标是将人类的语音中的词汇内容转换为可以在计算机中表示的文本。

最早的基于电子计算机的语音识别系统是由 AT&T 贝尔实验室开发的 Audrey 语音识别系统，它能够识别 10 个英文数字。其识别方法是跟踪语音中的共振峰。该系统达到了98%的正确率。到 19 世纪 50 年代末，伦敦学院（College of London）的 Denes 将语法概率技术加入到语音识别系统中。

19 世纪 60 年代，人工神经网络被引入语音识别。这一时期的两大突破是线性预测编码（Linear Predictive Coding，LPC），及动态时间规整（Dynamic Time Warp）技术。

语音识别技术的最重大突破是隐马尔科夫模型（Hidden Markov Model，HMM）的应用。从 Baum 提出相关数学推理，经过 Labiner 等人的研究，卡内基·梅隆大学的李开复博士最终实现了第一个基于隐马尔科夫模型的非特定人大词汇量连续语音识别系统 Sphinx。严格来说，此后的语音识别技术都没有脱离 HMM 的框架。

国外比较知名的语音识别系统有 IBM VIAVoice 和苹果公司的智能语音助手 Siri，国内比较知名的语音识别系统是百度语音系统和科大讯飞语音系统。

近年，语音识别技术在移动终端上的应用最为火热，语音对话机器人、语音助手、互动工具等层出不穷，许多互联网公司纷纷投入人力、物力和财力展开此方面的研究和应用，目的是通过语音交互的新颖和便利模式迅速占领客户群。

一个完整的基于统计的语音识别系统可大致分为三部分：

（1）语音信号预处理与特征提取；

（2）声学模型与模式匹配；

（3）语言模型与语言处理。

**2. 给树莓派添加 USB 声卡**

树莓派并没有声音输入设备，因此，要实现语音识别，首先要为树莓派添加 USB 接口的声卡和麦克风。

USB 接口的声卡外形如图 17-6 所示。其中，一端的 USB 接口连接树莓派的 USB 接口，另一端的红色小圆孔连接 3.5mm 接口的麦克风，绿色小圆孔则连接耳机或有源音箱。

典型的 3.5mm 接口的麦克风外形如图 17-7 所示。

图 17-6　USB 接口的声卡　　　　　　图 17-7　麦克风

**3. Snowboy 语音识别引擎简介**

Snowboy 是一个高度可定制的热门词检测引擎，可以让树莓派离线识别热门词，不需要依赖于网络。目前，百度的语音唤醒实际上也是使用的 Snowboy 引擎。

Snowboy 语音识别引擎的主要特性如下：

（1）高度可定制。可以自由地定制语音唤醒词。可自定义任何唤醒词，只需要在 https://snowboy.kitt.ai/网站上进行唤醒词模型训练即可。

（2）持续实时监听，又能够保护用户的隐私。因为 Snowboy 语音唤醒的机制不需要链接到互联网，所以比较安全。

（3）轻量级和嵌入式。可以在所有版本的树莓派上正常运行，在最小版本的树莓派 Zero（单核 700M Hz ARMv6）上消耗不到 10％的 CPU 资源。

**4. 在树莓派上安装 Snowboy 语音识别引擎**

为了让树莓派在 Python 语言中运行 Snowboy 语音识别引擎，必须安装以下软件：

SoX（实现音频转换）
PortAudio or PyAudio（实现音频捕捉）
SWIG 3.0.10 或以上版本（Snowboy 内核）
Atlas or OpenBLAS（矩阵运算模块）

1）安装 SoX

执行以下命令安装音频转换和音频捕捉相关软件 sox、portaudio 和 Python 的 pyaudio 绑定模块：

```
sudo apt-get install python-pyaudio python3-pyaudio sox
pip install pyaudio
```

音频软件安装完成后,执行"sox -d -d"命令,如果安装正常,对着麦克风说话,应能听到回声。

此时,如果执行"rec test. wav"命令,应能自动录音,并且保存到 test. wav 文件中。

2)安装 Snowboy 内核 SWIG

执行以下命令安装 Snowboy 内核 SWIG:

```
sudo apt - get install swig
```

树莓派会安装最新版的 Snowboy 内核。

3)安装 Atlas 矩阵运算库

执行以下命令安装 Atlas 矩阵运算库:

```
sudo apt - get install libatlas - base - dev
```

4)下载并解压 Snowboy 的 Python 演示代码

访问以下链接地址下载并解压 Snowboy 的 Python 演示代码:

```
https://s3 - us - west - 2.amazonaws.com/snowboy/snowboy - releases/rpi - arm - raspbian - 8.0 -
1.3.0.tar.bz2
```

解压完成后,在下载文件夹/home/pi/Downloads/中,会找到 Python 演示代码文件夹/rpi-arm-raspbian-8.0-1.3.0/,其文件结构如下所示:

```
├── README.md
├── _snowboydetect.so
├── demo.py
├── demo2.py
├── light.py
├── requirements.txt
├── resources
│   ├── ding.wav
│   ├── dong.wav
│   ├── common.res
│   └── snowboy.umdl
├── snowboydecoder.py
├── snowboydetect.py
└── version
```

将资源文件夹/resources 中的通用模型文件 snowboy. umdl 复制到上一级的文件夹/rpi-arm-raspbian-8.0-1.3.0/中。

**5. 试运行 Snowboy 语音识别引擎**

首先,执行以下命令转入 Python 演示代码文件夹:

```
cd /home/pi/Downloads/rpi - arm - raspbian - 8.0 - 1.3.0/
```

接着,执行以下命令启动 Snowboy 语音识别引擎:

```
python demo.py snowboy.umdl
```

执行以上命令的作用是识别唤醒词 snowboy,此时,只要对着麦克风用英语说

snowboy,树莓派会发出一下"叮"的响声,并且会给出如下一行的提示信息:

```
INFO:snowboy:Keyword 1:Detected at time:年 - 月 - 日 时:分:秒
```

当然,如果对着麦克风说其他单词,则树莓派不会做出任何响应。

### 6. 更换 Snowboy 的唤醒词

如果要更换唤醒词,方法很简单,只要把命令 python demo.py snowboy.umdl 中的 snowboy.umdl 更换为其他模型文件即可。通用模型文件的扩展名为.umdl,自定义的模型文件的扩展名为.pmdl。

可以访问 Snowboy 的源代码网站 https://github.com/Kitt-AI/snowboy,从中找到并下载其他的通用模型文件,例如 smart_mirror.umdl(智能镜子),然后执行以下命令:

```
python demo.py smart_mirror.umdl
```

此时,树莓派识别的唤醒词就变成了英语单词 smart_mirror。

如果执行演示代码 demo2.py,可以让树莓派同时识别两个唤醒词,命令格式如下:

```
python demo2.py 模型文件 1 模型文件 2
```

例如,执行以下命令:

```
python demo2.py snowboy.umdl smart_mirror.umdl
```

则树莓派能同时识别 snowboy 和 smart_mirror 这两个唤醒词,会分别发出"叮"或"咚"的响声。

### 7. 自定义唤醒词模型训练

访问 https://snowboy.kitt.ai/网站,单击右上角的 Login 按钮登录网站后,只需 3 个步骤,就可以轻松完成自定义唤醒词模型训练。指定唤醒词的工作界面如图 17-8 所示。

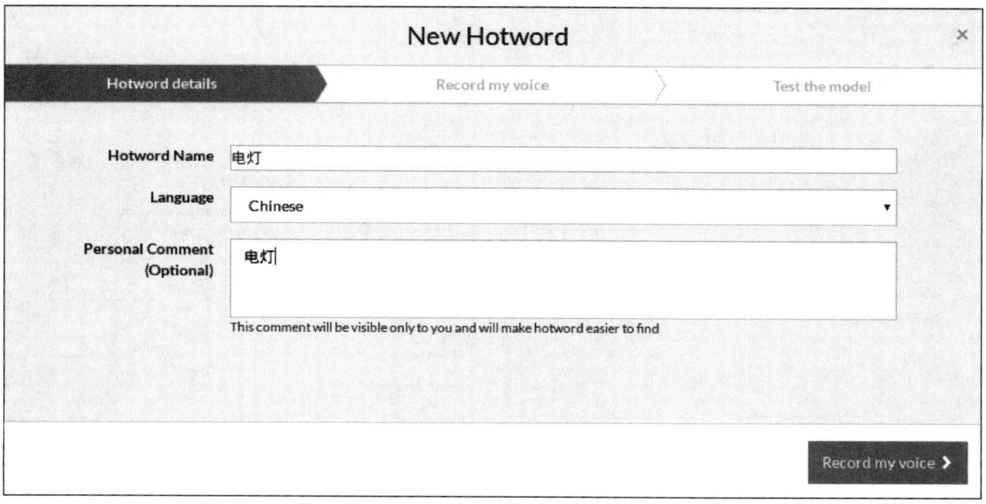

图 17-8　指定唤醒词

第 1 步,在 Hotword Name(唤醒词)栏中填写"电灯",在 Language(语言)栏中选择 Chinese(中文),并在 Personal Comment(个人注释)栏中填写"电灯",然后单击右下角的

Record my voice(录制我的声音)按钮,即可进入如图 17-9 所示的录音工作界面。

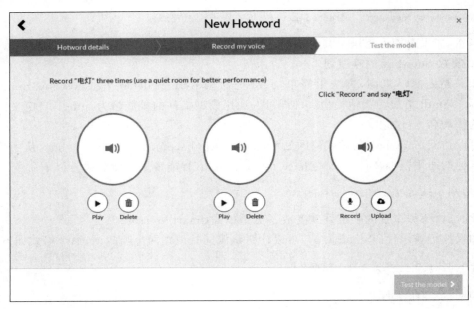

图 17-9　录制唤醒词的工作界面

第 2 步,在图 17-9 所示的工作界面中,共需要对唤醒词进行 3 次录音。Record 是录音按钮,Upload 是上传按钮,Play 是播放按钮,Delete 是删除按钮。在这一步,单击 Record 录音按钮,并朗读唤醒词"电灯"进行录音。录音 3 次后,右下角的 Test the model(测试模型)按钮会变成绿色,此时,单击该按钮,即可进入如图 17-10 所示的测试唤醒词模型的工作界面。

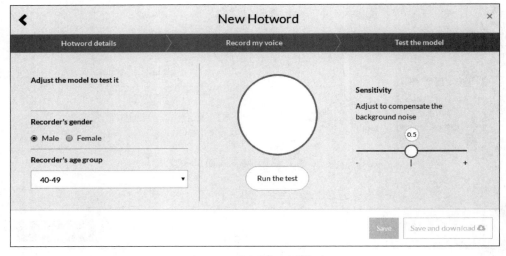

图 17-10　测试唤醒词模型

第 3 步,在图 17-10 所示的工作界面中,单击 Run the test(运行测试)按钮,并朗读"电灯",对唤醒词进行语音识别测试。此时,可以拖动右边的蓝色小圆圈,调整麦克风检测语音的灵敏度。如果唤醒词模型测试成功,右下角的 Save and download(保存并下载)按钮会变成绿色。单击该按钮,即可下载自定义的唤醒词模型。

可以在树莓派的/home/pi/Downloads/文件夹中找到刚才下载的"电灯"模型文件电灯.pmdl,把这个文件名更改为 lamp.pmdl,并将其复制到树莓派的/home/pi/Downloads/rpi-arm-raspbian-8.0-1.3.0/文件夹。

然后,即可执行以下命令测试自定义的唤醒词"电灯":

```
cd /home/pi/Downloads/rpi-arm-raspbian-8.0-1.3.0/
python demo.py lamp.pmdl
```

当对着麦克风用汉语说"电灯"时,树莓派会发出一下"叮"的响声,并且给出以下一行提示信息:

```
INFO:snowboy:Keyword 1:Detected at time:年-月-日 时:分:秒
```

当然,如果对着麦克风说其他单词,则树莓派不会做出任何响应。

**8. 用 Snowboy 和 GPIO 设计声控电灯**

在硬件部分中,声控电灯的电路图如图 17-11 所示。发光二极管的正极(即较长的引脚)串联一只 330Ω 电阻接到 GPIO17,发光二极管的负极(即较短的引脚)则接到地线(GND),并且把 GPIO17 连接至 GPIO22。

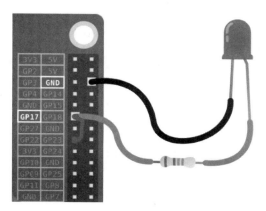

图 17-11　声控电灯的电路图

在软件部分中,我们需要对 Snowboy 语音唤醒引擎原来的 Python 演示代码文件夹/rpi-arm-raspbian-8.0-1.3.0/中的解码器文件 snowboydecoder.py 进行修改,从而控制电灯。如图 17-12 所示,修改 snowboydecoder.py 文件,在第 9 行的后面添加如下一行代码:

```
import RPi.GPIO as GPIO
```

在 snowboydecoder.py 文件中的紧接着"def play_audio_file(fname=DETECT_DING):"这一行的后面,继续添加以下 6 行 Python 代码,其结果如图 17-13 所示。

```
GPIO.setmode(GPIO.BCM)
GPIO.setup(22, GPIO.IN)
x = GPIO.input(22)
x = not x
```

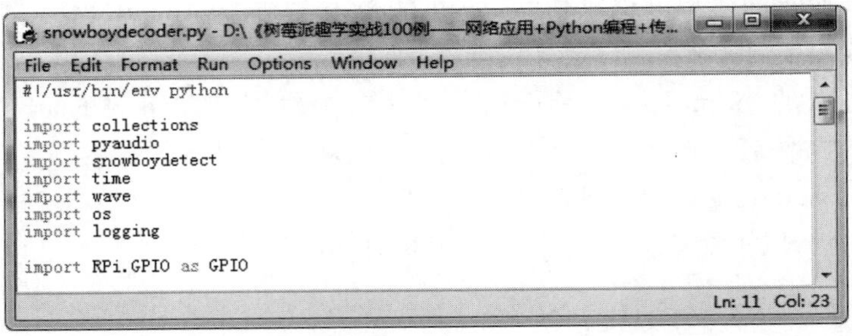

图 17-12　修改 snowboydecoder.py 文件

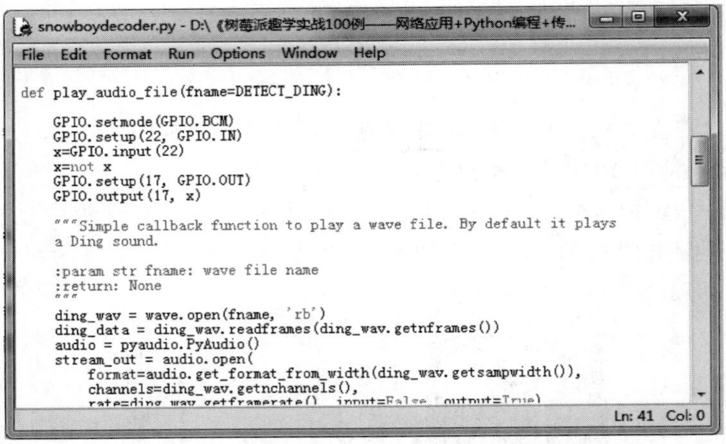

图 17-13　继续修改 snowboydecoder.py 文件

```
GPIO.setup(17, GPIO.OUT)
GPIO.output(17, x)
```

以上 6 行代码的作用是，定义 GPIO 接口为 BCM 模式，将 GPIO22 设置为信号输入脚，将 GPIO17 设置为信号输出脚，用于控制电灯的开关。当收到语音控制指令时，通过与 GPIO22 脚读取当前 GPIO17 脚的工作状态，然后，求出其相反值，再输出到 GPIO17 脚。

修改完成后，保存 snowboydecoder.py 文件，并重新执行以下命令：

```
python demo.py lamp.pmdl
```

如果一切正常，则每当我们说一次唤醒词"电灯"时，电灯的工作状态就会应声变化，从熄灭变为点亮，或者从点亮变为熄灭。哈哈，恭喜你，大功告成啦！